Schweißverbindungen im Kessel- und Behälterbau

Von

E. Höhn

Oberingenieur, Zürich

Mit 107 Textabbildungen

Berlin

Verlag von Julius Springer

1935

ISBN-13: 978-3-642-98552-2
e-ISBN-13: 978-3-642-99367-1
DOI: 10.1007/978-3-642-99367-1

Vorwort.

Die ungeahnte Entwicklung, die die Schweißung im Kessel- und Behälterbau innerhalb kurzer Frist genommen hat, verdankt sie ihrer außerordentlichen Verwendbarkeit. Die Schweißnaht bildet das natürliche Bindeglied zwischen einzelnen Gliedern einer Verbindung, die Nietnaht hat etwas Künstliches an sich. Die Aussicht, den Kampf gegen die Undichtheiten der Kessel als beendigt zu sehen, gibt der Schweißung allein schon einen mächtigen Impuls. Das Schweißen bedingt aber ein Umlernen im Anordnen der Verbindungen, man hat sich von den Vorbildern der Nietung frei zu machen. In dieser Richtung soll das vorliegende Buch vorarbeiten, die mannigfaltigen Möglichkeiten der Schweißung sollen geordnet und nach dem Wert ihrer Verwendung beurteilt werden, über ein einfaches Vorlagenwerk hinaus. Die wichtigsten Gesichtspunkte für den Aufbau einer Verbindung bleiben Festigkeit und Sicherheit. Für eine richtige Beurteilung reicht jedoch der heutige Stand der technischen Erkenntnis nicht in allen Fällen aus; der Forschung bleibt daher weitester Spielraum offen. Zur Hebung der Sicherheit einer Verbindung genügt nicht nur ihre zweckmäßige äußere Anordnung, sondern auch, der Eigenart der Schweißung entsprechend, der richtige technologische Aufbau. Wenn der Verfasser in Fragen der Berechnung oder Anwendung von Normalien mitunter eigene Auffassungen zum Ausdruck bringt, so soll in keinem Falle behördlichen Bestimmungen vorgegriffen werden.

Im November 1935.

E. Höhn,

Oberingenieur des Schweizerischen Vereins
von Dampfkesselbesitzern, Zürich.

Inhaltsverzeichnis.

Seite

I. Technologie und Werkstoffe 1

1. Abriß der Technologie des Schweißens 1
   1. Die Wassergasschweißung 1
   2. Die Gasschmelzschweißung 2
   3. Lichtbogenschweißung 3

2. Die Grund- und Zusatzwerkstoffe 4

A. Die Grundwerkstoffe 4
   1. Mechanische und chemische Anforderungen 4
   2. Gefüge der Grundwerkstoffe 6
   3. Die mechanischen Werkstoffproben 7
   4. Einfluß der Temperatur 9
   5. Altern und Rekristallisation 11
   6. Kaltverformung der Kesselbleche 12

B. Die Zusatzwerkstoffe 13
   1. Nackte und umhüllte Schweißdrähte 14
   2. Dicke der Schweißdrähte 16

II. Festigkeit 16

3. Abriß der Festigkeitslehre 16
   1. Allgemeines 16
   2. Die Bruchgefahr 17
   3. Der plastische Zustand 22
   4. Die Ermüdung 23
   5. Das Formänderungsvermögen der Wände der Kessel und Behälter 25
   6. Die Bruchbildung 26
   7. Die Kraftfelder 27

4. Form und Festigkeit der Stumpfnähte 27
   1. Die Nahtprofile 27
   2. Zurüsten der Bleche zum Schweißen 28
   3. Die Festigkeit der Stumpfnähte 29
   4. Versuche mit Probebehältern 31
   5. Einfluß des Glühens 32
   6. Die Berechnung der Stumpfnähte auf Festigkeit 34

5. Form, Spannungszustand und Festigkeit der Kehlnähte 35
   1. Die Kehlnahtform 35
   2. Der Spannungszustand 36
      Untersuchungen durch Messung 39
   3. Die Werte der Schubspannungen der Flankennähte 43
   4. Die Festigkeit der Stirn- und Flankennähte 44
   5. Die Schwingungsfestigkeit der Kehlnähte 49

Seite

6. Die Wirkung von Blasen und Kerben 50
   1. Blasen 50
   2. Äußere Kerben 51
   3. Innere Kerben (Schlitze) 52
7. Die Schrumpfwirkungen 54
   1. Allgemeine Erwägungen 54
   2. Schrumpfung elektrisch geschweißter Stumpfnähte (V, U und X) 56
   3. Schrumpfwirkungen der Kehlnähte 62
   4. Einige Absolutwerte der Schrumpfung 63
   5. Maßnahmen zur Verminderung der Schrumpfung 65
8. Die Prüfung der Nähte 67
   1. Zugversuch 67
   2. Die Faltbiegeprobe 68
   3. Die Kugeldruckproben 69
   4. Die Kerbschlagproben 69
   5. Dauerfestigkeit 69
   6. Die Probeentnahme 70
   7. Zerstörungsfreie Proben 71
   8. Die Druckprobe 72

III. Versuche mit geschweißten Verbindungen 72

9. Versuche mit einfachen Kehlnahtverbindungen 72
   1. Schlitznähte 72
   2. Überlappte und einseitig gelaschte Probestäbe 73
   3. Festigkeit senkrecht zueinander verschweißter Bleche 73
10. Versuche mit Scheiben und Flanschen 75
   1. Versuche mit Scheiben 75
   2. Versuche mit Flanschen 75
11. Versuche mit Laschen 78
   1. Statische Versuche 78
   2. Die Dauerfestigkeit von Laschenverbindungen 81

IV. Geschweißte Verbindungen 84

12. Die Längs- und Rundnähte im Kessel- und Rohrbau . . 84
   1. Anordnung und Festigkeit der Längsnähte 84
   2. Rundnahtverbindungen im Kessel- und Behälterbau 86
   3. Die Rundnähte im Rohrbau 88
   4. Die Berechnung der Längs- und Rundnähte 89
13. Die Verstärkung von Lochrändern 90
   1. Bemerkungen über den Spannungszustand der Lochränder . . 90
   2. Die Versteifungsmöglichkeiten 91
   3. Praktische Ausführungen 93
   4. Durch Messung festgestellte Spannungen 94
14. Scheiben und Naben 95
15. Verbindungen röhrenförmiger Hohlkörper 96
   1. Gebördelte Verbindungen 96
   2. Ungebördelte Verbindungen, Gruppe Rohranschlüsse, Dome . . 97
   3. Nichtgebördelte Verbindungen, Gruppe Querröhren 100

Seite

16. Konzentrische Verbindungen röhrenförmiger Hohlkörper 101
 1. Dampfmantelverbindungen 101
 2. Verbindungen von Feuerbüchse und Kesselmantel 104

17. Rohrkupplungen 105
 1. Rohrkupplungen 105
 2. Verbindungen von Röhren mit Rohrplatten 107

18. Böden und Deckel 107
 1. Über die Anordnung der Böden im allgemeinen 107
 2. Ebene Böden 109
 3. Deckelverbindungen 111

19. Flansche 113
 1. Die Flanschverbindungen 113
 2. Die Berechnung der Flansche 115
 3. Verschlußvorrichtungen für Dampfgefäße (Autoklaven) 118

20. Füße und Stützen 121
 1. Liegende walzenförmige Hohlkörper 122
 2. Stehende walzenförmige Hohlkörper 122

V. Sicherungsmaßnahmen 124

21. Schraubengangnähte 124
 1. Theoretische Überlegungen 124
 2. Die Anwendung von Schraubengangnähten 126

22. Die Sicherung der Nähte durch Laschen 127
 1. Zweck der Laschen 127
 2. Formen der Laschen und Einteilung der Laschenfelder 128
 3. Praktische Anwendungen 131

23. Die Sicherung der Nähte durch Reifen 132

24. Die Sicherung der Nähte durch Rippen. Die Versteifung von Platten durch Stehbolzen 134
 1. Allgemeine Erwägungen 134
 2. Rippenverbindungen 135

VI. Verschiedene Anwendungen der Schweißung 140

25. Das Zusammenwirken von Niet- und Schweißnähten einfacher Blechverbindungen 140
 1. Symmetrische Verbindung 140
 2. Unsymmetrische Verbindungen 141
 3. Biegungsverhältnisse an unsymmetrischen Stäben 142

26. Ausbesserungen mittels der Schweißung 144
 1. Das Ausfüllen von Rostgruben 144
 2. Das Ausbessern von Kesseln 144

Zeichen und Abkürzungen.

a) Formelzeichen.

t Temperatur oder Zeit.

Δl Längenänderung.

$\varepsilon = \Delta l / l_0$ Dehnung oder Stauchung.

E Elastizitätsmodul.

F Querschnitt.

F_S, F_L Stab- bzw. Laschenquerschnitt.

F_S, F_F Haftfläche von Stirn- bzw. Flankennaht.

P, Q Kräfte, M Moment.

J Trägheitsmoment.

W Widerstandsmoment.

s Blechdicke.

a Dicke der Kehlnaht $= 0{,}7\,h$

h Höhe der Kehlnaht $= 1{,}4\,a$.

i Innenhalbmesser.

a Außenhalbmesser.

σ Spannung, σ_1, σ_2, σ_3 Hauptspannungen.

1 Richtung der Meridiantangente (Erzeugenden).

2 Richtung der Ringtangente.

3 Richtung des Halbmessers.

σ_B Bruchspannung, Zugversuch.

σ_S, σ_L Stab-, Laschenspannung.

σ', σ'_S, σ'_L gerechnete Spannungen.

$\bar{\sigma}$ mittlere Spannung.

α Abreißspannung (Stirnnähte).

τ Scherspannung(Flankennähte).

p Überdruck (kg/cm², at, atü).

K_n Berechnungsfestigkeit (Zug).

K_α Abreißfestigkeit, Stirnnähte.

K_τ Schubfestigkeit, Flankennähte.

x oder ξ Sicherheitsgrad.

v oder z Festigkeitsverhältnis.

b) Abkürzungen.

VGB Vereinigung der Großkesselbesitzer.

KWInst Kaiser-Wilhelm-Institut für Eisenforschung (Düsseldorf).

EMPA Eidgenössische Materialprüfungsanstalt (Zürich).

SVDB Schweizerischer Verein von Dampfkesselbesitzern.

I. Technologie und Werkstoffe.

1. Abriß der Technologie des Schweißens.

1. Die Wassergasschweißung.

Von der früher im Kesselbau hier und da angewendeten Feuerschweißung heute noch zu sprechen, erübrigt sich. An ihre Stelle trat mit großem Erfolg zunächst die Wassergasschweißung. Sie benützt zur Wärmequelle das Wassergas, das im Mittel gemäß Hütte I zusammengesetzt ist (in %) aus

$$45\,H_2 \quad 40\,CO \quad 6\,CO_2 \quad 9\,N_2$$

mit dem unteren Heizwert für 1 Nm^3 (0° 760 mm) 2420 kcal. Beimischungen von Phosphor oder Schwefel sind streng fernzuhalten. Zum Durcharbeiten des erhitzten Werkstoffes benützt man den Hammer, meist den durch Preßluft angetriebenen, oder Rollen. Zwischen Amboß und Hammer oder zwischen den Rollen liegt (Abb. 1) das Trommelblech zum Zylinder gerundet, mit Heftschrauben gehalten, mit entsprechender, der jeweiligen Blechdicke angepaßten Überlappung. Das

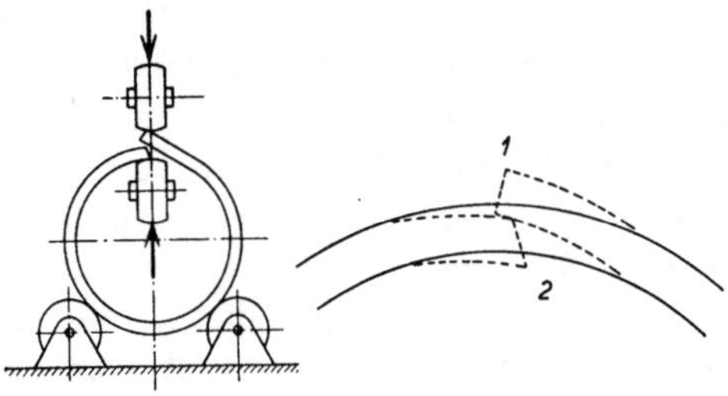

Abb. 1. Rollenschweißmaschine beim Wassergasverfahren.

Gas wird den Brennern, einem äußeren und einem gegenüberliegenden inneren, zugeführt, zur mechanischen Bearbeitung der Naht werden die Brenner entfernt. Der Amboß hat den Nachteil, daß der Zunder teilweise am Abfallen verhindert und dadurch in das Blech, wenigstens in die Außenhaut der Innenseite, hineingearbeitet wird. Durch das Niederhämmern wird das Material wohl von außen gut durchgeknetet, während innen auf der Amboßseite, zumal bei dickeren Blechen (über 25 mm), die Gefahr ungenügender Durchknetung besteht. Bei der Rollenschweißung dagegen (Abb. 1) werden beide Rollen von gleicher Größe und einem hydraulischen Druck von 30 bis 60 t an das Werkstück angepreßt, so wird eine beidseitig gleichmäßige Bearbeitung ermöglicht. Zur Entfernung des Zunders bedient man sich eines Dampfstrahlgebläses. Die Schäden, die infolge plötzlicher örtlicher Abkühlung durch dieses Gebläse entstehen können, sind als

Spannungsrisse bekannt, sie treten meist nur in der äußeren Blechzone auf und sind von geringer Tiefe[1]. Bindungsfehler können dadurch entstehen, daß die Erwärmung zu rasch und zu wenig gleichmäßig geschieht, bei zu hoher Temperatur werden die in Abb. 1 rechts gezeichneten Zipfel der Enden *1* und *2* weggeschmolzen, bevor das Blech gleichmäßig durchwärmt bzw. auf Schweißtemperatur gebracht ist.

Nach der Schweißung werden die Trommeln geglüht und gerundet. Nach einem von Thyssen ausgebildeten Verfahren werden die Trommeln dann bis nahe zur Streckgrenze mit Wasser gepreßt. Um die Nachteile des hohen Probedruckes auszugleichen, werden die Trommeln erneut geglüht[2].

Wassergasgeschweißte Kessel und Gefäße haben starke Aufnahme in der Industrie und dem Turbinenleitungsbau gefunden. Das Verfahren eignet sich zum Schweißen dicker Bleche, weniger zur Herstellung von Verbindungen[3].

2. Die Gasschmelzschweißung

(autogene Schweißung) benützt als Brennstoff Azetylen, C_2H_2. Die Verbrennung mit Sauerstoff (aus Flaschen) erfolgt gemäß

$$C_2H_2 + O_2 = 2\,CO + H_2\,,$$
$$(2\,CO)H_2 + 3\,O = 2\,CO_2 + H_2O\,.$$

Der Heizwert beträgt rd. 13500 kcal/Nm³, die Temperatur der Azetylen-Sauerstofflamme 2700°, mit Sauerstoffüberschuß höher ansteigend bis 3400°. Wird Eisen verbrannt, so steigt die Wärme im Bad nur unbedeutend, weil die Verbrennungswärme von Eisen nur 1150 kcal/kg beträgt. Dies gilt für jede Schweißung.

Das Azetylen muß möglichst rein sein, das reinste Gas ist das in Azeton gelöste (Dissous-Gas). Am zweckmäßigsten wird mit vollkommen neutraler gleichbleibender Flamme gearbeitet, wobei die Flamme so einzustellen ist, daß der der Düse zunächst liegende innere Leuchtkegel gerade anfängt, in die runde Form überzugehen. Beim Schweißen besteht die Gefahr, daß der Schweißer das Gas im Brenner unrichtig mischt, beliebt sind Überschüsse an Sauerstoff, weil die durch erhöhte Flammentemperatur beschleunigte Abschmelzung des Eisens den Arbeitsgang fördert, die Güte einer Naht wird aber durch die Überhitzung des Eisens stark beeinträchtigt. Durch Azetylenüberschuß wird das Eisen aufgekohlt. Es ist zweckmäßig, die Gase in einer Zentrale automatisch zu mischen. Größere Schweißbetriebe mit derartigen Anlagen sind von der Gefahr der Überhitzung des niedergeschmolzenen Schweiß-

---

[1] Über das Verfahren, solche Fehler nachzuweisen, vgl. Wärme 1933 S. 673.

[2] Näheres im Bericht VGB, Kiel 1924. Man beachte die Sprengung eines Probebehälters $D_i = 1130$, $s = 47{,}5$ mm, $p = 280$ kg/cm².

[3] Über wassergasgeschweißte Hohlkörper vgl. Wärme 1934 S. 681.

gutes befreit. Selbsttätige Vergasungs- und Mischanlagen tragen erheblich zur Förderung der Gasschmelzschweißung bei.

Als beste Arbeitsmethode gilt für mittlere und dicke Eisenbleche ($>$ 3 mm) diejenige, bei der der Schweißer, von seinem Standort betrachtet, die Schweißung links beginnt, den Schweißbrenner in der rechten Hand (Rechtsschweißung). Der Brenner geht voran, geradlinig geführt, mit dem Schweißdraht werden schürfende Bewegungen im Schmelzbad ausgeführt, damit Oxyd- und Schlackeneinschlüsse ausgeschieden werden. Gleichzeitig wird Drahtmaterial abgeschmolzen und in dünnen Schichten aufgetragen.

Die zusammenziehende Wirkung des Schweißbades — bei der autogenen Schweißung wird mehr Wärme entwickelt als bei der elektrischen — ist so groß, daß die Fugen von Längsnähten durch Keile gesperrt werden müssen, um ein Übereinandergreifen der Blechenden zu vermeiden. Der ausgesprochenen Wärmewirkung ist es zuzuschreiben, daß im Kessel- und Eisenbau die autogene Schweißung vor der elektrischen zurücktritt. Dagegen läßt die autogene Schweißung wegen des glühenden Zustandes der Schweißstelle das Richten der Arbeitsstücke mit dem Hammer zu.

3. Lichtbogenschweißung.

Die Schweißwärme wird durch Luftwiderstand im Stromkreis erzeugt, das Wärmeäquivalent 1 kWh = 860 kcal, die in 1 Sek. erzeugte Wärmemenge ist dargestellt durch $0{,}24 I^2 R$ gkal, sie ist proportional der Stromstärke I (Ampere) im Quadrat und dem Widerstand R (Ohm).

Wenige Jahre Entwicklung haben genügt für eine weitgehende Vervollkommnung der Schweißeinrichtungen — Dynamomaschinen oder Transformatoren. Wurde früher allgemein mit Gleichstrom geschweißt, so ist heute auch Wechselstrom gebräuchlich, insbesondere bei Zusammenbauarbeiten, obwohl gerade bei Schweißungen in verschiedenen Lagen (überkopf) Gleichstrom vorzuziehen ist.

Bei Gleichstrom ist die günstigste Spannung zur Erzeugung eines kurzen Lichtbogens 22 bis 25 V, bei einer Zündspannung von 35 bis 60 V. Als Wechselstrom wird in der Regel eine Drehstromphase benützt mit einer Lichtbogenspannung von 25 V, einer Zündspannung von 70 V. Die Stromstärke ist praktisch zwischen 40 bis 65 A je Millimeter Durchmesser für umhüllte Elektroden.

Die bei Gleichstrom am + Pol auftretende Temperatur wird 3800° C geschätzt, am — Pol 3200° C, bei Wechselstrom ist die Temperatur rd. 3400° C.

In der Regel wird bei Gleichstrom der + Pol an den Schweißstab, der — Pol an das Werkstück angeschlossen, in der Praxis können auch Fälle erwünscht sein, bei denen die höhere Temperatur am Werkstück auftritt, z. B. bei Überkopfschweißungen und dünnem Blech, dann wird umgekehrt geschaltet. Die Schaltung hängt auch von der Schmelzbarkeit der Elektrodenumhüllung ab. Bei warmfesten und hitzebeständigen Stählen wird der negative Pol an das Werkstück angelegt.

Der Wirkungsgrad einer Schweißdynamo ist bei Wechselstrom etwas günstiger als bei Gleichstrom. Allgemein ist anerkannt, daß das Schweißen mit Gleichstrom ruhiger ist als mit Wechselstrom, man erhält auch die schöneren Nähte. An Schweißgut geht bei Wechselstrom durch Verspritzen mehr verloren als bei Gleichstrom, so daß die Kosten der Verwendung des einen oder anderen Stromsystems sich fast ausgleichen. Zum Schweißen von Sondermaterial (VA-Stähle, Staybrite-Stähle) ist Gleichstrom geeigneter, ebenfalls zur Schweißung dünner Bleche. Der Lichtbogen ist kurz zu halten.

Kurzer Lichtbogen: keine Porenbildung, keine Nitritnadeln, Kohlenstoff und Perlit voll vorhanden.

Langer Lichtbogen: starke Porenbildung, Kohlenstoff verbrannt, Perlit fehlt, grobe Nitrtitnadeln, Eisenoxyduleinschlüsse vorhanden[1].

Neuere Verfahren, die Schweißung in einem Schutzgas (Methanol, Wasserstoff) zu vollziehen, sind zur Zeit in der Entwicklung begriffen, z. B. das Arcatom-Verfahren[2]. Sie eignen sich besonders beim Schweißen dünner Bleche.

Schweißmaschinen sind z. T. noch wenig in Verwendung, sie eignen sich nur zur Massenerzeugung gleichbeschaffener Gegenstände. Ihrer Verbreitung stehen die neuesten Fortschritte der Handschweißung entgegen, z. B. die Verwendung dicker Schweißdrähte.

2. Die Grund- und Zusatzwerkstoffe.

A. Die Grundwerkstoffe.

1. Mechanische und chemische Anforderungen.

Der Rahmen der im Kesselbau zugelassenen Grundwerkstoffe ist in den meisten Kulturstaaten durch Vorschriften gegeben, z. B. in Deutschland durch diejenigen für Land- und Schiffsdampfkessel. Zugelassen sind Bleche mit Marken M, E, Th und legierte Werkstoffe. Die Anforderungen an Festigkeit und Dehnung (Landdampfkessel) sind die folgenden

Sorten	Festigkeit kg/mm²	Geringste Dehnung δ_{10}	Berechnungs-Festigkeit K_n kg/mm²
I . . .	35 bis 44	27 bis 22	36
II . . .	41 „ 50	25 „ 20	41
III . . .	44 „ 53	22 „ 20	44
IV . . .	47 „ 56	20	47

[1] Prox: Z. VDI 1932 S. 503. [2] Z. VDI 1931 S. 1361.

Walzblech zeigt quer zur Walzrichtung geringere mechanische Werte als längs (Anisotropie), in der Regel müssen die Probestäbe zur Prüfung der mechanischen Anforderungen quer zur Walzrichtung dem Blech entnommen werden. Am fertigen Kessel sollen Walz-Längsrichtung und Ringtangente stets übereinstimmen.

Über die Verhältnisse der Dehnung $l = 10d$ und $l = 5d$ vergleiche man Abschnitt 3 dieses Kapitels. Härte und Zugfestigkeit stehen im Verhältnis $\sigma_B \backsim 0{,}36H$ für Kohlenstoffstähle (30 bis 100 kg/mm^2), für legierte Stähle ist der Verhältniswert geringer.

Von den Blechen eignen sich für die Schweißung am besten die niedergekohlten Sorten. Die Schweißbarkeit geht mit zunehmendem Gehalt an Kohlenstoff, Silizium und Mangan zurück. Für Phosphor- und Schwefelgehalt sind zur Erreichung guter mechanischer Eigenschaften enge Grenzen gezogen. Gemäß Werkstoffhandbuch „Stahl und Eisen“ (E 11) sollen die Bleche für die Gasschmelzschweißung und die Lichtbogenschweißung folgende Zusammensetzung aufweisen: 0,06 bis 0,12% C, 0,1% Si, 0,45 bis 0,48% Mn, unter 0,05% P, unter 0,05% S. Wegen P und S empfiehlt es sich, Bleche der Marke Th für Kesselbauzwecke in die zweite Linie zu stellen[1]. Die mechanischen Eigenschaften und der Kohlenstoffgehalt der Baustähle stehen nach Goerens in folgendem Zusammenhang:

C	Geglüht			
%	Streckgrenze kg/mm^2	Zugfestigkeit kg/mm^2	Dehnung $l = 5d$ %	Kerbzähigkeit mkg/cm^2
0,05	20	31	42	30
0,10	26	39	34	20
0,20	28	45	30	16
0,30	30	50	26	11
0,40	32	56	23	8

Eignen sich einerseits weiche niedrig gekohlte Stähle für die Schweißung, so wird andererseits von den Kesselerstellern nicht selten die Verwendung von Blechen hoher Festigkeit angestrebt, die Gründe sind teils wirtschaftlicher, teils technischer Art. Mit steigendem K_n (Berechnungsfestigkeit) fällt das Gewicht, vermindern sich die Kosten. Für das Einwalzen von Röhren eignet sich harter Stahl gut für die Rohrplatten, weil das Verstrecken des Stahls mit den unangenehmen Begleiterscheinungen im späteren Betrieb nicht zu befürchten ist.

Die Verwendung härteren Grundwerkstoffes ist an die Bedingung geknüpft, daß der Zusatzwerkstoff bzw. das zur Naht niedergeschmolzene Eisen keine geringeren mechanischen Eigenschaften, jedenfalls

[1] Die schweizerischen Kesselbau-Vorschriften lassen bloß Marken M und E und Sorten I und II zu.

keine geringere Zugfestigkeit aufweist als der Grundwerkstoff selbst. Heute verfügt man über Zusatzwerkstoffe bzw. Schweißstäbe, die der Blechsorte II ebenbürtig sind. Weiter zu gehen bleibt ein Problem der Zukunft. Im Kesselbau sollte man nach der Ansicht des Verfassers soviel als möglich bei der Sorte I bleiben, besonders bei den Kesseln. Wenn für Druckbehälter, d. h. Hohlkörper, die im Betrieb von der gewöhnlichen Temperatur wenig abweichen, Sorte II verwendet wird, besonders bei gewisser Blechdicke (z. B. >10 mm), so sind die Bedenken geringer. Verhältnismäßig selten und nur für besondere Zwecke wird die Benützung harter Sorten gewünscht. Die Herstellung eines solchen Stahls, der schweißbar ist und bei dem in der Schweißzone keine Härtungserscheinungen auftreten, gelingt nach Fry[1] dadurch, daß man die Festigkeit unter Verminderung des Kohlenstoffgehaltes durch Erhöhung der Legierungsbestandteile steigert. Man vergleiche hierzu Kap. 7/1.

In den letzten Jahren ist es gelungen, hoch legierte korrosionsbeständige, warmfeste und feuerbeständige Stähle durch Schweißung zu verbinden[2]. Warmfestigkeit wird bis zu einem gewissen Grad erreicht durch Zusätze von Molybdän, Korrosionsbeständigkeit durch Chrom, Nikkel usw. Von den legierten Stählen läßt sich besonders Molybdän gut schweißen. Chrom und Nickel als Legierungsbestandteile zeigen in dieser Hinsicht ungünstigere Eigenschaften. Gut schweißbar sind Stähle mit niederem Kupfergehalt. Auf die Notwendigkeit der Übereinstimmung von Grund- und Zusatzwerkstoffen wird im Abschnitt B hiernach noch hingewiesen.

Die Schwierigkeit des Korngrenzenzerfalls (interkristallinen Korrosion) beim Schweißen von Chrom-Nickel-Stählen in der Umgebung der Schweißnaht, wofür Temperaturen von 400 bis 600° C in Frage kommen, meistert man durch Verminderung des Kohlenstoffgehaltes und Legierung mit Titan[3] oder Erwärmung oberhalb der Rekristallisationstemperatur und unterhalb der Lösungstemperatur für Karbide.

2. Gefüge der Grundwerkstoffe.

Die Bleche müssen frei von Seigerungen und Schlackeneinschlüssen sein. Verwalzte Blasen werden beim Schweißen vom Schweißgut aufgetrieben, was zu schlechter Nahtbeschaffenheit führt. Die Kerbzähigkeit ist im allgemeinen um so größer, je feiner das Gefüge ist. Richtige Wärmebehandlung der Bleche während und nach dem Walzen ist wesentlich, weil das Gefüge davon abhängig ist. Die günstigsten Eigenschaften des Walzgutes finden sich durchweg nach dem Walzvorgang bei einer Temperatur von 900 bis 1000° C.[4] Zwischen 700 und 900° Walztempe-

[1] Techn. Mitt. Krupp 1934, März. [2] Z. VDI 1934 S. 1163.
[3] Kruppsche Mh. 1930, November.
[4] Pomp u. Fangmeier: Mitt. KWInst. 1930 — Z. VDI 1931 S. 666.

ratur tritt eine Abnahme der Zähigkeit auf. Blech mit Oberflächensprödigkeit — eine Folge unrichtiger Wärmebehandlung — eignet sich ebenfalls schlecht zum Schweißen. Abb. 2 zeigt eine Kerbschlagprobe mit Bruch in einer Ritze, mit der Reißnadel hergestellt, wobei die Stelle der Kerbe mit normaler Tiefe, obwohl gleich nebendran liegend, unversehrt blieb. Der Kerbengrund reichte also bereits in die zähe Zone. Solche Bleche werden erfahrungsgemäß beim Schweißen rissig. Die Bleche zeigen sich beim Schweißen heikler als beim Nieten, solche mit Seigerungszonen neigen zu Schweißrissigkeit[1]. Der Reinheitsgrad bezüglich P und S muß sehr groß sein, das Gefüge feinkörnig. Das Gefüge ordnungsgemäß ausgeglühter Kesselbleche besteht aus Ferrit und Perlit in gleichmäßiger Verteilung und Korngröße. Über den Einfluß des Glühens vgl. Kap. 4/5.

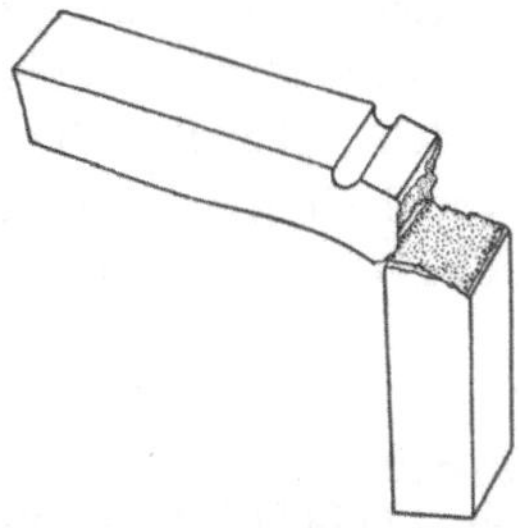

Abb. 2. Kerbschlagprobe eines unrichtig verwalzten oder geglühten Blechs.

3. Die mechanischen Werkstoffproben.

Zweck der mechanischen Proben ist die Feststellung der Festigkeit (Zugfestigkeit, Dauerfestigkeit, Kriechgrenze) und des Verformungsvermögens (Dehnung, Einschnürung, Kerbzähigkeit, Biegungsvermögen usw.) der Baustähle. Hier sei auf die Vorschriften der verschiedenen Kulturländer und auf die neuesten Forschungen verwiesen. Das Spannungs-Dehnungs-Diagramm ist im DIN-Blatt 1350 und im Werkstoff-Handbuch „Stahl und Eisen" bekanntgegeben, man vergleiche auch Abb. 10 hiernach. Die Dehnung ist abhängig von Querschnitt, Meßlänge und Einschnürung. Um einen Vergleich der Dehnungen unter nämlichen Verhältnissen zu ermöglichen, ist es gebräuchlich, den Probestäben die Form von Normal- oder Proportionalstäben zu geben. Zum langen Normalstab mit $F = 314$ mm² und $l = 10d = 200$ mm gehört der Proportionalstab $l = 11{,}3\sqrt{F_0}$, zum kurzen mit $F = 314$ m² und $l = 5d = 100$ mm der Proportionalstab $l = 11{,}3/2\sqrt{F_0}$. Der Querschnitt F_0 ist beliebig. Daß die Dehnung kurzer Proportionalstäbe von Kohlenstoffstählen ungefähr das 1,25fache der langen Proportionalstäbe ist, ist bekannt, weniger der Sachverhalt, daß dies nur ein Mittelwert ist und die Einschnürung von wesentlichem Einfluß, man vergleiche die Ausführungen von Strauß und Rudeloff[2]. Flache Zerreißstäbe zeigen nach Bach bis zum Seitenverhältnis $a/b = 5/1$ kein Abweichen der Werte für Festigkeit und Dehnung von denen quadratischer Stäbe gleichen Werkstoffes[3] (nach DIN 1605 ist 4 : 1 zulässig).

[1] Müller: Schweißbarkeit von Stählen höherer Festigkeit. Z. VDI 1934 S. 1293.

[2] Verein. Eisenhüttenleute, Ber. 4 (1920) (Strauss); VDI-Forsch.-Heft 215 (Rudeloff) u. 29 (Bach).

[3] Z. VDI 1916 S. 858.

Öfter werden die Stäbe ohne ein bestimmtes Verhältnis von Querschnitt und Meßlänge zur Zerreißmaschine gebracht, zu einem richtigen Urteil der Dehnungsverhältnisse gehört die Berücksichtigung der Einschnürung. Die Verhältnisse können dann durch die Benützung von Tafeln oder Schiebern richtig beurteilt werden, z. B. des Schiebers von Lill (Poldihütte). In Italien werden die Dehnungen häufig nach Bertella eingeschätzt gemäß

$$\frac{\delta_{10}}{\delta} = \left(\frac{l}{11{,}3\sqrt{F}}\right)^{0{,}4}$$

δ_{10} Vergleichsdehnung des langen Proportionalstabes, δ ermittelte Dehnung des beliebigen Stabes mit Querschnitt bzw. Länge F und l.

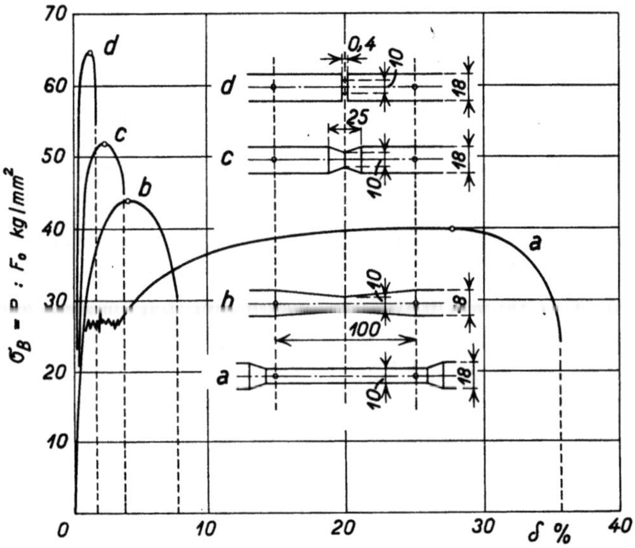

Abb. 3. Zugversuch mit eingekerbten Flußstahl-Rundstäben.

Um für dicke Bleche an Länge und Gewicht der Probestäbe zu sparen, ist die Verwendung von solchen mit $l = 200$ mm zulässig, auch wenn $F_0 > 314$ mm², in diesem Falle sind die von Baumann vorgeschlagenen Dehnungswerte einer besonderen Tafel zu entnehmen (Werkstoff und Bauvorschriften für Landdampfkessel)[1].

Die Zugstäbe, die nicht genau zylindrisch oder prismatisch sind, sind hinsichtlich ihrer mechanischen Eigenschaften nicht untereinander vergleichbar. Abweichungen ergeben gemäß Abb. 3 nach Ludwik ganz veränderte Spannungs-Dehnungs-Bilder[2]. Bei Stab d mit der Kerbe 0,4 mm sind gegenüber dem Glattstab a die Verhältnisse der

[1] Vgl. Z. VDI 1916 S. 859; 1924 S. 1220.
[2] Bruchgefahr und Materialprüfung. EMPA Zürich, 1928.

Festigkeiten $d:a = 65:40$, Dehnungen $d:a = 1{,}6:36\%$. Hier ist der bekannte Sachverhalt, daß die Verfestigung bei behinderter Einschnürung beim nämlichen Stahl zunimmt (Bach erwähnt die Versuche von Kirkaldy vor 70 Jahren) in neuer eingehender Art ausgesprochen. Diese Anschauung hängt übrigens zusammen mit der heutigen Berechnungsweise $\sigma_0 = P/F_0$ mit F_0 als ursprünglichem Querschnitt. Mit $\sigma_{\text{eff}} = P/F_{\text{eff}}$ ist die Bruchspannung weniger von der Stabeinschnürung beeinflußt. Während aber σ_0 mit der Kerbschärfe zunimmt, geht σ_{eff} zurück.

Bei den gewöhnlichen Kohlenstoffstählen, den Sorten I und II, liegt die Fließgrenze bei $\sim 55\%$ der Zugfestigkeit. Bei den legierten Stählen besteht dieses Verhältnis nicht, bei den austenitischen z. B. kann die Fließgrenze erheblich tiefer liegen.

Legierte Stähle sind zum Teil weit über die Grenzen hinausgehoben, die den Kohlenstoffstählen in Beanspruchung und Dauerhaftigkeit gezogen sind.

Dauerfestigkeit (Bezeichnung bei Zugdruckdauerbeanspruchung σ_{Dz}, bei Dauerbiegebeanspruchung σ_{Db}, bei Dauerdrehbeanspruchung τ_D) nennt man denjenigen Grenzwert der wechselnden Beanspruchung, der gerade noch beliebig lange ertragen wird. Der Bruch erfolgt meist erst nach einigen 100000 Lastwechseln[1]. Die Dauerfestigkeit wird herabgesetzt durch die Art der Bearbeitung, durch Kerbe, Walzhäute und Korrosion. Bei betriebenen Dampfkesseln unterliegt der Werkstoff einer Wechselbeanspruchung von 0 bis σ_{Dz} (Ursprungsfestigkeit), von einem Rhythmus oder einer Lastwechselfrequenz kann jedoch nicht gesprochen werden. Man beachte die weiteren Ausführungen von Kap. 3/4.

4. Einfluß der Temperatur.

Die Temperatur beeinflußt die mechanischen Eigenschaften des Stahles, dies kommt in den Abb. 4 und 5 für zwei Kohlenstoffstähle zum Ausdruck.

σ_B ist die Festigkeit, die sich aus dem Kurzversuch ergibt,

σ_{Kr} die Kriechgrenze oder Dauerstandfestigkeit.

Bei gewöhnlicher Temperatur verfestigt sich der Stahl nach Überschreiten der Fließgrenze, entsprechende Beanspruchungen werden unbegrenzt lange ertragen, bei hoher Temperatur geht die Verfestigung wieder verloren, der Stab dehnt sich weiter, er „kriecht“. Die zeitliche Zunahme dieser Dehnung wurde als Maß der Entfestigung gewählt und mit Kriechgeschwindigkeit bezeichnet, $v_{Kr} = \Delta\varepsilon : \Delta t$. Durch den Einfluß der Temperatur wird einerseits die Streckgrenze im Kurzversuch erniedrigt, andererseits wird eine von Temperatur, Spannung

[1] Dauerfestigkeits-Schaubilder VDI.

und Zeitdauer abhängige Kriechgeschwindigkeit im Dauerversuch verursacht. Die Kriechversuche dauern monatelang, man hat daher nach Abkürzungsverfahren gesucht. Als **Kriechgeschwindigkeit** ($^0/_{00}$) nach abgekürztem Verfahren kann $v_{Kr} = 0{,}01^0/_{00}$ je Stunde oder $0{,}24^0/_{00}$ je Tag, beobachtet zwischen der 24. und 48. Versuchsstunde, gelten, als **Kriechgrenze** jene Belastung (kg/mm²), bei der die Kriechgeschwindigkeit nicht überschritten wird. Versuche haben gezeigt, daß oberhalb 400° C die Kriechgrenze mit $v_{Kr} = 0{,}01^0/_{00}$ je Stunde zwischen der 24. und 48. Versuchsstunde und die Kriechgrenze mit $v_{Kr} = 0{,}001^0/_{00}$

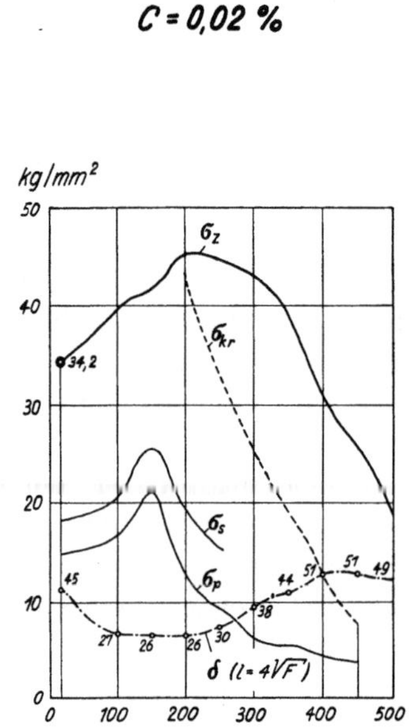

Abb. 4. Die Festigkeitseigenschaften eines Kohlenstoffstahles mit 0,02% C-Gehalt bei Temperaturen bis 500° C.

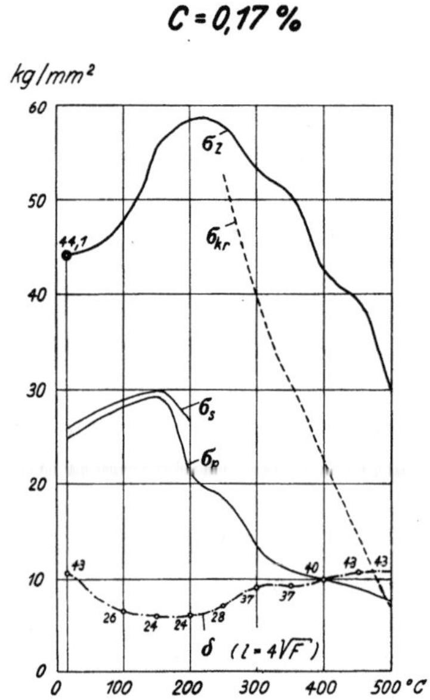

Abb. 5. Die Festigkeitseigenschaften eines Kohlenstoffstahles mit 0,17% C-Gehalt bei Temperaturen bis 500° C.

σ_B Zugfestigkeit beim Kurzdauerversuch, σ_{Kr} Kriechgrenze, $\delta(l = 4\sqrt{F})$ Dehnung.

je Stunde nach 1 Monat für Flußstahl Sorte I ziemlich gut übereinstimmen. Nach Versuchen der EMPA Zürich („Festigkeitseigenschaften der Stähle bei hohen Temperaturen", 1935) ist für einen Stahl Sorte I der Zusammenhang der hier fraglichen Größen durch Abb. 6 gegeben. Bei einer Kriechgeschwindigkeit $v_{Kr\,(\text{Stunde})} = 0{,}01^0/_{00}$ (24. bis 48. Versuchsstunde) würde das Material weiterkriechen und eine Jahresgeschwindigkeit $v_{Kr\,(\text{Jahr})} = 87{,}5^0/_{00}$, d. h. 87,5 mm/m, annehmen, was nicht angängig ist. Dagegen dürfte für Kessel noch eine Kriechgeschwindigkeit $v_{Kr} = 0{,}00005^0/_{00}$ pro Stunde nach 1 Monat als zulässig angesehen werden, für Röhren $0{,}0001^0/_{00}$. Die zutreffende Kriechgrenze (Dauerstandfestigkeit) darf nie überschritten werden. Die zulässige Spannung unterscheidet sich daher von der Kriechgrenze noch durch einen Sicherheitsgrad. Kennt man nur die Kriechgrenze im Abkürzungsverfahren ($v_{Kr} = 0{,}01\,{}^0/_{00}$ je Stunde, 24. bis 48. Versuchsstunde), so muß der Sicherheitsgrad bei Temperaturen über 400° ∽ 2 sein, um unter der vorgeschriebenen Kriechgrenze (mit $v_{Kr} = 0{,}00005\,{}^0/_{00}$ pro Stunde nach 1 Monat) zu bleiben, wie der Abb. 6 zu entnehmen ist[1].

Nach langem Kriechen erfolgt der Bruch fast ohne örtliche Einschnürung. Unlegierte Stähle, die dem Kriechen ausgesetzt sind, sind unwirtschaftlich, dagegen erreichen Stähle, die mit Kupfer, Nickel, Chrom und besonders Molybdän legiert sind, erheblich höhere Kriechgrenzen als Kohlenstoffstähle[2]. Über die Warmfestigkeit von Schweißnähten ist noch wenig bekannt[3].

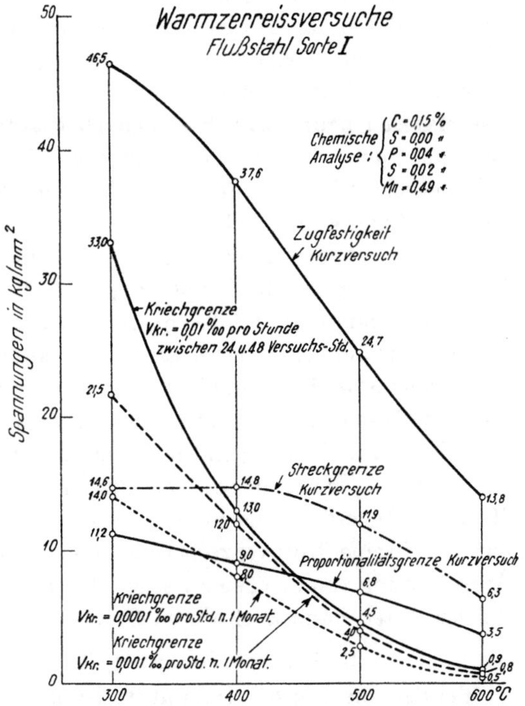

Abb. 6. Zusammenhang von Kriechgrenze (kg/mm²), Kriechgeschwindigkeit (‰) und Temperatur für einen Stahl C = 0,15 %.

5. Altern und Rekristallisation.

Wird ein Stahl Zwangsverformungen ausgesetzt, so erhöhen sich

[1] Nach der erwähnten Forschungsarbeit wurde erkannt (Roš und Eichinger), daß bei konstanter Temperatur und Spannung die gesamte Verformung aus drei zu superponierenden Teilen besteht: aus der elastischen Dehnung $e = \sigma/E$; aus der plastischen, mit Verfestigung verbundenen Dehnung $\delta_v = \Delta - (\Delta - \Delta_0)e^{-ct}$ und aus der plastischen entfestigten Dehnung $\delta_e = K_0 \Delta_0 t = K \Delta t$. Gesamtdehnung $\varepsilon = e + \delta_v + \delta_e$, worin Δ_0 die spezifische Längenänderung bei Beginn, Δ am Ende der plastischen Dehnung bedeutet. Die Konstante K hängt von der Temperatur ab. — Die mit der Verfestigung verbundene Dehnung nähert sich nach dem Exponentialgesetz asymptotisch einem Grenzwert Δ. Dagegen ist die Entfestigung eine Folge des Wärmeeinflusses, welcher die von der plastischen Formänderung herrührende Verfestigung wieder rückgängig macht. — Die Benutzung dieser Gesetzmäßigkeiten bietet Aussicht für die Möglichkeit, die Kriechgeschwindigkeit aus dem Kurzdauerversuch zu ermitteln.

[2] Stahl u. Eisen 1933 Heft 2. — Versuche des Schweiz. Vereins v. Dampfkesselbesitzern, Zürich 1935.

[3] Es sei indessen hingewiesen auf die Arbeit von Stäger u. Zschokke: Schweiz. techn. Z. 1932 Nr. 22 u. 23, Zürich.

Zugfestigkeit und Streckgrenze, während die Bruchdehnung abnimmt. Dies zeigt sich insbesonders bei weichen, d. h. kohlenstoffarmen unlegierten Stählen, weniger bei härteren; die Stähle werden zudem bei längerer Lagerung in zunehmendem Maße spröde. Diese Veränderungen nennt man Altern. Die Kaltverformung kann durch die Fryschen Linien bei der Ätzung nachgewiesen werden, die Sprödigkeit hauptsächlich durch die Kerbschlagprobe, die Kerbzähigkeit geht zurück. Erwärmen kalt verformter Teile auf 200 bis 300° C beschleunigt das Altern. Die Untersuchung gebrauchter genieteter Kessel zeigt, daß das Material hauptsächlich in den Nietnähten spröde wird[1]. Zur Beseitigung der Einflüsse der Alterung ist normalisierendes Glühen erforderlich. Eine weitere, die technische Verwendbarkeit beeinträchtigende Eigenschaft kohlenstoffarmen Eisens ist die Rekristallisation. Folgt der Zwangsverformung eine Erwärmung auf 500 bis 850° C, so beginnt die Umstellung des Stahlgefüges, die eine Korngrenzenveränderung und Kornvergröberung zur Folge hat[2]. Dies zeigt sich in ganz ähnlicher Weise wie beim gealterten Werkstoff, d. h. durch die verminderte Kerbzähigkeit. Versuche haben ergeben, daß die Verhältnisse besonders ungünstig werden, wenn der kalt verformte Werkstoff längere Zeit Temperaturen von 710 bis 850° C ausgesetzt wird.

Wird das Material bei verhältnismäßig hoher Temperatur (über 1000° C) längere Zeit geglüht, so tritt eine Überhitzung ein, die sich ebenfalls in einer Kornvergröberung und im Falle der Verbrennung in einer Ausscheidung von Oxyden zwischen den Korngrenzen bemerkbar macht. Solches Eisen kann auch durch Glühen nicht mehr verbessert werden.

6. Kaltverformung der Kesselbleche.

Bei den Blechen der Dampfkessel und Dampfgefäße sind durch das Kaltaufbiegen zu Trommeln die Voraussetzungen zur Alterung gegeben. Mit dem Trommelhalbmesser r wird die bleibende Dehnung der Schichten im Abstand $\pm a$ von der neutralen Zone

$$\varepsilon = \frac{2\pi(r \pm a) - 2r\pi}{2r\pi} = \pm \frac{a}{r} = \frac{\sigma}{E}.$$

Für die Streckgrenze wird $\pm a \cong r/1000$. Innerhalb $2a$ ist die Verformung elastisch, außerhalb bleibend. Mit $D = 2000$ mm z. B. ist der elastische Bereich $+1$ bis -1, d. h. 2 mm und für eine Blechdicke von beispielsweise 20 mm die Verstreckung der äußeren Fasern $\varepsilon = \pm \frac{10}{1000} = \pm 1\%$. Die plastische Verformung bleibt bei Kesseltrommeln wohl stets unter 10%, obwohl der Krümmungsradius beim Aufbiegen kleiner ist als der fertige Trommelradius wegen des Rückfederns der Bleche, infolge der Verfestigung.

---

[1] Z. VDI 1932 S. 551 — Stahl u. Eisen 1933 S. 1149.

[2] Tammann, G.: Lehrbuch der Metallkunde. Leipzig.

Die außen liegenden Schichten sind beim Aufbiegen, bei der Druckprobe und später nur auf Zug beansprucht, die inneren jedoch wurden zuerst gestaucht. Ist ein Stahl durch Kräfte in einer Richtung verformt, und es findet Richtungswechsel statt, so kann sich die Verfestigung nicht wiederholen, im Gegenteil tritt eine Entfestigung ein, schon bei geringen Spannungen ist eine Proportionalität zwischen Spannung und Dehnung nicht mehr vorhanden (Bauschingereffekt, weitere Ausführungen (vgl. Abb. 12). Wyss[1] stellt fest, daß die Brüche kalt gebogener Zughacken (Betoneisen) in der Regel in der gestauchten Zone liegen, die Ursache führt er auf den Bauschingereffekt zurück. Aus den Abb. 7 und 8 läßt sich die Verminderung der Zähigkeit mit zunehmendem Stauchungsgrad ($-\psi$) erkennen. Streckgrenze und Zugfestigkeit nehmen zu, die Dehnung geht zurück. Insbesondere fällt die Kerbzähigkeit. Es sei noch darauf hingewiesen, daß bei scharfer Biegung die Körner, aus denen der Werkstoff aufgebaut ist, gequetscht, d. h. gestreckt oder gestaucht werden. An diese verschiedenen Verhältnisse hat man sich bei der Druckprobe der Kessel zu erinnern, die Beanspruchung der Kesselwände muß ziemlich unter der ursprünglichen Streckgrenze bleiben. Ein genügender Überschuß an Blech (Reserve) ist wesentlich zur Verminderung der Bruchgefahr. Da das Spannungsfrei-Glühen der Kesseltrommeln wenig gebräuchlich ist, wäre ein Fortschritt im Kesselbau in der allgemeinen Verwendung alterungsbeständiger Werkstoffe zu suchen.

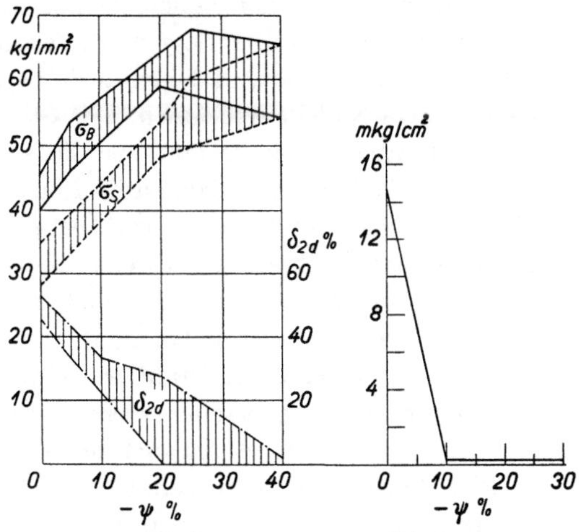

Abb. 7. Abb. 8.

Abb. 7. Abhängigkeit der Streckgrenze, Zugfestigkeit und Dehnung vom Stauchungsgrad ($-\psi$).

Abb. 8. Zusammenhang von Kerbzähigkeit und Stauchungsgrad ($-\psi$).

B. Die Zusatzwerkstoffe.

Die Schweißdrähte müssen so beschaffen sein, daß die Nähte zäh, glühbar und in Rotglut schmiedbar sind. Festigkeit und Zähigkeit der Grundstoffe müssen in den Nähten erreicht werden[2].

---

[1] Die Festigkeit und Sicherheit von Endhacken usw. Zürich 1930.

[2] In DIN-Vornorm 1913 ist für die chemische Zusammensetzung bekanntgegeben: C bis 0,3%, P 0,03 bis 0,04%, S 0,03%, in einzelnen Fällen bis 0,4% Mn und 0,15% Si, je nach Marke. — Über die Schädlichkeit von P und S mit steigendem C-Gehalt beachte man Z. VDI 1935 S. 1145.

1. Nackte und umhüllte Schweißdrähte.

Die Schweißdrähte sind nackt oder umhüllt, die Verwendung von Seelendrähten ist seltener. Beim Schweißen mit nackten Drähten besteht die erhöhte Gefahr der Aufnahme von Sauerstoff und Stickstoff aus der Luft durch das niedergeschmolzene Gut. Die Stickstoffaufnahme ist darauf zurückzuführen, daß der sonst inaktive molekulare Sauerstoff bei der hohen Temperatur des Lichtbogens teilweise in atomaren Stickstoff zerlegt wird, der in diesem Zustand hohe Affinität zum Eisen besitzt, es bilden sich Fe_2N und Fe_2N_2, die im Ätzbild als schwarze Nadeln erscheinen. Der Stickstoff erhöht zwar die Festigkeit und Streckgrenze, setzt aber die Dehnung herab[1].

Die Aufnahme von Sauerstoff führt zu Oxydationserscheinungen, die sich im Schliffbild durch vergröbertes Korn zeigen. Die mechanischen Eigenschaften verbrannten Eisens sind bedeutend verschlechtert, sie sind nicht mehr zu verbessern, auch nicht durch Glühen.

Der Zweck der Umhüllung der Schweißdrähte ist vielseitig. Gegenüber dem nackten Draht erleichtert die Hülle die Zündung des Lichtbogens und sichert seine Beständigkeit. Sie ermöglicht das Schweißen sowohl mit Wechsel- als auch mit Gleichstrom sowie das Schweißen in allen Lagen, also auch senkrecht und überkopf. Sie beeinflußt die Temperatur des Bogens und deren Rückwirkungen, bei gleichbleibender Arbeitsleistung ermäßigt sie die Intensität des Stromes und beschleunigt die Schnelligkeit des Abschmelzens. Sowohl beim gasförmigen wie beim flüssigen und plastischen Zustand des niederschmelzenden Schweißgutes verhindert die Umhüllung eine schädliche Veränderung insbesondere durch die Bestandteile der Luft (Oxydierung und Nitrierung), was der Bildung eines Gasmantels um das im Lichtbogen übergehende Metall zuzuschreiben ist. Den nämlichen Zweck erfüllt später die Schlackendecke, die zudem eine langsamere Abkühlung des Schweißgutes herbeiführt, was eine höhere Zähigkeit ergibt. Überdies führt die Elektrodenhülle dem abschmelzenden Metall Zusatzstoffe zu, die ihm wertvolle Eigenschaften verleihen (Manganstahl, Molybdänstahl, Chromnickelstahl). Die Drähte können also reines oder legiertes Eisen sein, entsprechend bringt die Hülle Ergänzungsstoffe mit. Nach Strelow[2] sind die getauchten Elektroden nicht viel höher zu bewerten als die nackten, erfolgreicher sind die bewickelten.

Der Kampf zwischen nackten und umhüllten Schweißdrähten dürfte heute endgültig zugunsten der letzteren entschieden sein, nachdem die höhere Zähigkeit der entsprechenden Nähte erwiesen ist (Baumgärtel). Im übrigen sind die verschiedenen Elektroden ihrem Wesen nach heute noch keineswegs gründlich erforscht.

---

[1] Meller: Elektrische Lichtbogenschweißung. Leipzig.

[2] Z. VDI 1935 S. 1080.

Zur Schweißung von Sonderstählen, der korrosionsbeständigen, warmfesten und hitzebeständigen Art (VA-, VM-Stähle, Stabyrite, Molybdänstahl, Legierungen mit austenitischem und ferritischem Gefüge) sind entsprechende Schweißdrähte nach Angabe der Lieferer zu verwenden. Diese Stähle haben eine verminderte Wärmeleitfähigkeit, die VA-Stähle (von Krupp) nur ein Drittel derjenigen gewöhnlichen Flußstahls. Beim Anwärmen zur Warmverarbeitung muß man daher vorsichtig verfahren, bis 800° nur langsam anwärmen. Bei beschleunigter Abkühlung nach Erhitzen auf höhere Temperatur treten leicht Härtungserscheinungen auf, insbesondere Härterisse. Gewisse Verbindungen müssen nach dem Schweißen vergütet werden. Nickel und nickelhaltige Legierungen, z. B. solche die für Glühtöpfe Verwendung finden, sind außerordentlich empfindlich gegen den Angriff von Schwefelverbindungen. Es findet ein rasches Eindringen von S in die Korngrenzen statt, was zur Zerstörung führt.

Werden geschweißte Gefäße starken Säuren ausgesetzt, so ist es wichtig, daß Schweißdraht und Grundwerkstoff möglichst gleichartig bleiben, weil bei ungleicher Beschaffenheit die Gefahr elektrolytischer Einwirkung (Korrosionen) besteht.

Schroffe Querschnittsübergänge sind einem regelmäßigen Wärmefluß hinderlich und daher hier besonders zu vermeiden. Das Schweißen von ungleichartigem Werkstoff, z. B. Legierungen mit Flußeisen, ergibt gewisse Schwierigkeiten. Nach Schottky[1] sind bei Verwendung austenitischer Elektroden die Dehnungswerte und die durch ein zusätzliches Glühen bedingte Steigerung der Biegewinkel bemerkenswert. Austenitische Schweißdrähte sind heute am Markt erhältlich. In den Techn. Mitt. Krupp (Aug. 1935) wird die Alterungsbeständigkeit und Zähigkeit austenitischen Schweißgutes ohne Glühen betont, damit begründet, daß der Austenit seine höchste Zähigkeit durch rasche Abkühlung erhält, den Vorgängen bei der elektrischen Schweißung entsprechend[2]. Über die Ausscheidung von Karbiden in der Naht oder der Grenzzone des Urwerkstoffs zwischen 400 bis 750° C bei austenitischem Werkstoff (mit hohem Cr-Gehalt) sowie die Mittel zur Verhütung der Korngrenzenzerstörung vergleiche man die Ausführungen von S. 6. — Die Wärmedehnung des Austenites ist 18 bis $22 \cdot 10^{-6}$ von 0 bis 500°, größer als bei gewöhnlichem Stahl. Dies beeinflußt die Schrumpfung.

[1] Z. VDI 1935 S. 41.

[2] Infolge des hohen Legierungszusatzes verhalten sich austenitische Stähle bei rascher Abkühlung nicht wie die gewöhnlichen, dem Eisen-Zementit-Diagramm entsprechend. Ferrit- und Zementitausscheidungen und der Zerfall des Restes der festen Lösung in Perlit werden größtenteils unterdrückt. Man erhält die homogene feste Lösung bei Raumtemperatur. In ihr ist das Eisen im unmagnetischen γ-Zustand vorhanden. Hauptvertreter sind einerseits Stähle mit hohem Mn-Gehalt, andererseits mit hohem Ni- und einigem Cr-Gehalt (Werkstatthandbuch Stahl u. Eisen).

2. Dicke der Schweißdrähte.

Die Schweißdrähte werden von 2 bis 12 mm und noch dicker geliefert. Suchte man früher die Forderung geringer Temperaturerhöhung der Werkstücke und geringes Verbiegen derselben zusammen mit einer hohen Festigkeit der Nähte durch die Verwendung möglichst dünner Elektroden zu erfüllen, so geht man heute mehr darauf aus, Zeit zu sparen. Dazu dienen dicke Elektroden und hohe Stromstärke, wobei man die Erfahrung machen kann, daß trotz hoher Temperaturen die Werkstücke sich nicht stärker verbiegen. Die Ursache liegt zum Teil in der starken Wärmeentwicklung bei dicken Raupen, wodurch die untenliegenden Schichten gut durchgeglüht, also weich und zäh werden. Die Schlacken lassen sich gut entfernen, und die Endkraterbildung wird eher vermindert. Die Triebfeder dieser Bestrebungen, die heute noch nicht abgeschlossen sind, ist die Verminderung der Kosten. Weitere Ausführuugen über Elektroden in Kap. 7 (Schrumpfwirkungen).

II. Festigkeit.

3. Abriß der Festigkeitslehre.

1. Allgemeines.

Zur Klärung der Begriffe Spannungen, reduzierte Spannungen, zusammengesetzter Spannungszustand, worauf Späteres aufbaut, muß auf die Elemente der Festigkeitslehre zurückgegriffen werden. Aus

$$\Delta l = \frac{Pl}{FE} \quad \text{wird} \quad \varepsilon = \sigma : E . \tag{1) u. (2}$$

Ein Zugprobestab dehnt sich in der Längs- (x-) Achse, die Stabdicke nimmt dabei (y- und z-Richtung) ab

$$\varepsilon_x = \frac{\sigma_x}{E}, \qquad \varepsilon_y = -\frac{1}{m}\frac{\sigma_x}{E} = \varepsilon_z ,$$

wobei m die Poissonsche Zahl $\backsim 10/3$, der umgekehrte Wert $\nu \backsim 0{,}3$ ist.

Im dreiachsigen Spannungszustand gelten die Gleichungen

$$\varepsilon_1 = \frac{1}{E}\left(\sigma_1 - \frac{\sigma_2 + \sigma_3}{m}\right), \quad \varepsilon_2 = \frac{1}{E}\left(\sigma_2 - \frac{\sigma_3 + \sigma_1}{m}\right), \quad \varepsilon_3 = \frac{1}{E}\left(\sigma_3 - \frac{\sigma_1 + \sigma_2}{m}\right). \tag{3}$$

Als Hauptrichtung *1* wird im nachfolgenden diejenige der Tangente an die Erzeugende (Meridian), *2* Richtung der Ring- oder Umfangstangente, *3* des Halbmessers, zusammenfallend mit der Druckrichtung, bezeichnet.

Während die Spannungen aus Gl. (1) und (2) berechnet werden können, sind die reduzierten Spannungen den Dehnungen im zusammengesetzten Spannungszustand, Gl. (3), proportional, so daß wenn $\sigma_3 = 0$, d. h. im ebenen Spannungszustand

$$\sigma_{1\,\text{red}} = \varepsilon_1 E = \sigma_1 - \nu\sigma_2, \qquad \sigma_{2\,\text{red}} = \varepsilon_2 E = \sigma_2 - \nu\sigma_1. \tag{4}$$

Beim offenen Rohr ist $\sigma_1 = 0$, dagegen wird $\sigma_3 \neq 0$ angenommen.

Sind aus Messungen die Dehnungen und hieraus die reduzierten Spannungen bekannt, so können die Spannungen berechnet werden, auf diese kommt es an, weil bis heute die Technik die Spannungen als Maß der Bruchgefahr ansieht, nicht die reduzierten.

$$\left.\begin{aligned} \sigma_1 &= \frac{m}{m^2-1} E(m\varepsilon_1 + \varepsilon_2) = \frac{\sigma_{1\,\text{red}} + \nu\sigma_{2\,\text{red}}}{1-\nu^2}, \\ \sigma_2 &= \frac{m}{m^2-1} E(m\varepsilon_2 + \varepsilon_1) = \frac{\sigma_{2\,\text{red}} + \nu\sigma_{1\,\text{red}}}{1-\nu^2}. \end{aligned}\right\} \tag{5}$$

Wie angedeutet, wird $\sigma_3 = -p$ meistens vernachlässigt für Hohlkörper, die durch Böden abgeschlossen sind; im ebenen Spannungszustand werden die Probleme leichter beherrscht.

Für die reine Schubspannung gelten

$$\gamma = \frac{\tau}{G}, \qquad G = \frac{m}{2(m+1)} E, \qquad \text{(6) u. (7)}$$

mit $m = 10/3$ wird der Schubelastizitätsmodul $G \backsim 0{,}38E$.

Die Schubspannungen können im ebenen Zustand durch den Mohrschen Spannungskreis bestimmt werden, vgl. Kap. 21, sie sind im räumlichen Spannungszustand in 3 Ebenen zu bestimmen.

2. Die Bruchgefahr.

Über die Bruchgefahr gibt es verschiedene Anschauungen (Hypothesen), zur Hauptsache die folgenden.

I. Die ältere, aber im Kesselwesen bis jetzt allgemein anerkannte maximale

Hauptspannungshypothese

sagt aus, daß der Bruch erfolgt, wenn die Hauptspannungen eine bestimmte Grenze überschreiten. Die größte einer Zylinderschale innewohnende Hauptspannung ist diejenige in Richtung der Ringtangente

$$\sigma_2 = p\frac{i}{s}. \tag{8}$$

Dies ist die bekannte „Kesselformel“, sie bildet die Grundlage der Schalenberechnung. Die Hauptspannung in Richtung des Meridians (der Erzeugenden) wird

$$\sigma_1 = p\frac{i}{2s}, \tag{9}$$

die Hauptspannung in Richtung des Radius

$$0 \leqq \sigma_3 \leqq -p, \tag{10}$$

d. h. sie erreicht an der Innenseite der Schale höchstens den Innendruck. — Die Gl. (8) und (9) gelten nur für dünne Wände (Membranen), allgemein ist die Hauptspannung in **Ringrichtung** nach **Lamé**

$$\max \sigma_2 = p \frac{e^2 + i^2}{e^2 - i^2}, \tag{11}$$

in **Achsrichtung** (Meridian), sofern die Zylinderschale durch Böden abgeschlossen ist,

$$\sigma_1 = p \frac{i^2}{e^2 - i^2}. \tag{12}$$

Bei offenen (in Stopfbüchsen beweglichen) Röhren ist $\sigma_1 = 0$. In **Richtung des Halbmessers** ist wie oben

$$0 \leqq \sigma_3 \leqq -p. \tag{13}$$

Im Innern einer Wand ist der Spannungszustand dreiachsig, an der Außenfläche wegen $\sigma_3 = 0$ zweiachsig. Die Hauptspannungen sind mit den Spannungen an Zugstäben von übereinstimmendem Werkstoff unmittelbar zu vergleichen. — Bis zur Stunde wird die Festigkeit der Kessel nach der Zugfestigkeit des verwendeten Werkstoffs beurteilt, nicht nach der Fließgrenze.

II. Die **maximale Dehnungshypothese** sieht die Dehnung (ε) als Maß für die Bruchgefahr an. Mit der Dehnung hängt die reduzierte Spannung unmittelbar zusammen, so daß in der Anwendung diese das Vergleichsmaß bildet.

Unter Benützung der Gl. (4), (8) und (9) und mit $\sigma_3 = 0$ wird in Ringrichtung

$$\varepsilon_2 = \frac{1}{E}\left(\frac{pi}{s} - \nu \frac{pi}{2s}\right), \qquad \sigma_{2\,\mathrm{red}} = 0{,}85 \frac{pi}{s}. \tag{14}$$

Bei gleichem Innendruck wäre nach der Dehnungshypothese die Anstrengung bloß 85% der Anstrengung nach der Spannungshypothese.

Gl. (14) gilt für eine durch Böden abgeschlossene Trommel, für ein offenes in Stopfbüchsen gelagertes Rohr wird $\sigma_1 = 0$, mit $\max \sigma_3 = -p$ wird

$$\varepsilon_2 = \frac{p}{E} \frac{i + \nu s}{s}, \qquad \sigma_{2\,\mathrm{red}} = p\left(\frac{i}{s} + 0{,}3\right). \tag{15) u. (16}$$

Die red. Spannungen unter Berücksichtigung der Gl. (11) bis (13) vgl. Zahlentafel I.

III. Die **maximale Schubspannungshypothese** (nach **Mohr**) sagt aus, daß es bei der Bruchgefahr auf die größte und die kleinste der drei unter Berücksichtigung des Vorzeichens der Größe nach geordneten Hauptspannungen bzw. auf die damit zusammenhängende Schubspannung

$$\tau_{\max} = \frac{\sigma_{\max} - \sigma_{\min}}{2} \tag{17}$$

ankommt. Die mittlere Hauptspannung fällt außer Betracht. Die Erklärung hierfür ergibt sich aus der Betrachtung der Spannungskreise der Ebenen 1·2, 2·3, 3·1. Zur Vermeidung von Brüchen muß $\tau_{\max} \leqq \tau_{\mathrm{zul}}$.

Die Dehnungshypothese gibt zwischen τ und σ die Beziehung

$$\tau_{\text{zul}} = \frac{m}{m+1}\,\sigma_{\text{zul}} \approx 0{,}77\,\sigma_{\text{zul}}\,. \tag{18}$$

Dagegen ergeben Versuche beim Zugversuch

$$\left.\begin{aligned} \tau_{\text{zul}} &= 0{,}5\,\sigma_{\text{zul}} && \text{beim Gleitungsbruch,} \\ \tau_{\text{zul}} &= 0{,}57\,\sigma_{\text{zul}} && \text{Fließgrenze}^{1}, \\ \tau_{\text{zul}} &\cong 1{,}0\,\sigma_{\text{zul}} && \text{beim Trennungsbruch.} \end{aligned}\right\} \tag{19}$$

Darin schon kommt eine Abweichung der Dehnungstheorie vom wahren Sachverhalt zum Ausdruck.

Verschwindet eine der drei Spannungen, so ist im ebenen Spannungszustand der Zusammenhang gegeben durch

$$\sigma_{\text{red}} = 0{,}35\,\sigma + 0{,}65\sqrt{4\tau^2 + \sigma^2} \tag{20}$$

oder nach Mohr

$$\sigma_{\text{red}} = \sqrt{4\tau^2 + \sigma^2}\,. \tag{21}$$

Der Fall von Biegung und Verdrehung von Wellen ist das gegebene Anwendungsgebiet für Gl. (20) und (21).

Für die Zylinderschale ist nach Mohr, weil $\sigma_{\max} = \sigma_2 = pi : s$ und $\sigma_{\min} = \sigma_3 = -p$ (inwendig) bzw. 0 (auswendig),

$$\text{inwend. } \tau_{\max} = p(i+s) : 2s\,, \tag{22}$$

$$\text{auswend. } \tau_{\max} = pi : 2s = \sigma_2/2\,, \tag{23}$$

d. h. die höchst zulässige Schubspannung ist gleich der halben zulässigen Ringspannung. Im Hinblick darauf, daß die Ebenen der größten Schubspannung die Hauptspannungsebenen unter 45° schneiden, sind, wenn die größte Gefahr in der Schubspannung liegt, schräge Bruchflächen zu erwarten, d. h. Gleitungsbrüche. In Wirklichkeit sind Trennungsbrüche vorherrschend.

Über die besonderen Verhältnisse der Brüche von Böden vergleiche man Kap. 18/1.

IV. Maximale Anstrengungshypothese. Neuere Versuche zeigen[2], daß die mittlere Hauptspannung nicht ganz vernachlässigt werden darf, sie zeigt einen Einfluß bis 15% (Ludwik). Die neuere Forschung sucht daher die Bruch- bzw. Fließgefahr auf Grund der maximalen Gestaltänderungsarbeit zu erklären. Die Anstrengung wird ausgedrückt[3] durch

$$Ag = \frac{m+1}{3mE}\left(\sigma_1^2 + \sigma_2^2 + \sigma_3^2 - \sigma_1\sigma_2 - \sigma_2\sigma_3 - \sigma_3\sigma_1\right). \tag{24}$$

---

[1] Roš u. Eichinger: Bruchgefahr Heft III S. 8. (Zürich.)

[2] Roš u. Eichinger: EMPA, Zürich 1926. — Lode: Forsch.-Arb. Ing.-Wes. Heft 303.

[3] Huber: Lemberg 1904. — Hencky u. v. Mises: Z. angew. Math. Mech. 1924. — Vgl. Föppl: Drang und Zwang I.

Wird aus dieser Gleichung mit den drei Hauptspannungen diejenige gebildet, die sich zum Vergleich mit der Zugspannung eignet, so lautet der vereinfachte Ausdruck rechts

$$\frac{m+1}{3mE}\sigma^2_{\text{Vergleich}}$$

und durch Gleichsetzung

$$\sigma_g = \sigma_{\text{Vergl}} = \sqrt{\sigma_1^2 + \sigma_2^2 + \sigma_3^2 - \sigma_1\sigma_2 - \sigma_2\sigma_3 - \sigma_3\sigma_1} = 2k, \qquad (25)$$

wobei $2k$ als Fließgrenze entsprechend dem einachsigen Zug- bzw. Druckversuch aufzufassen ist. Die Lage der Gleitebene nach der Gestaltände-

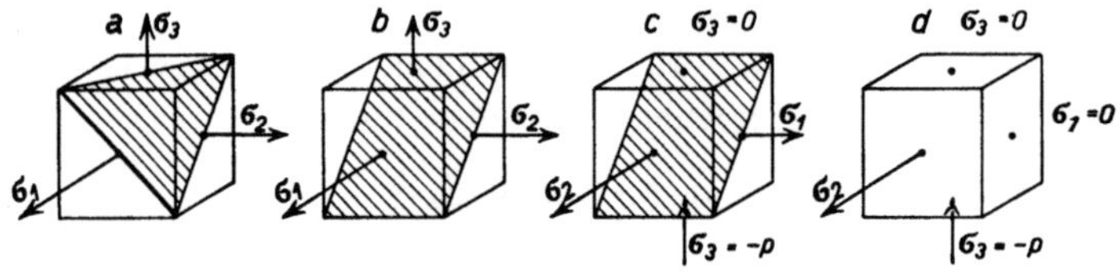

Abb. 9. Verschiedene Spannungszustände.

rungsenergie ist durch Abb. 9a gekennzeichnet (Gleitebene geht durch drei Eckpunkte des Würfels), während Abb. 9b für die Guest-Mohrsche Schubspannungshypothese $\tau_{\max} = \frac{\sigma_{\max} - \sigma_{\min}}{2} = \tau_{13}$ zutrifft (Gleitebene geht durch zwei Kanten des Würfels, $\sigma_{\max}$ und $\sigma_{\min}$ bzw. σ_1 und σ_3 stehen normal zu den zugehörigen Seiten). Diese Anordnung hat man sich zu vergegenwärtigen bei der Beurteilung der Lage der Gleitebenen.

Für die durch Böden abgeschlossene Zylinderschale ist der Spannungszustand angenähert (Kesselformel)

$$\sigma_1 = \frac{\sigma_2}{2}, \qquad \sigma_2 = \frac{Dp}{2s}, \qquad 0 \leqq \sigma_3 \leqq -p,$$

die Lage der Gleitebene ist nach der Mohrschen Hypothese durch c von Abb. 9 gegeben, die entsprechenden Gleitebenen bilden Winkel von 45° mit den Tangentialebenen des Zylinders.

Für das offene Rohr ist der Spannungszustand

$$\sigma_1 = 0, \qquad \sigma_2 = \frac{Dp}{2s}, \qquad 0 \leqq \sigma_3 \leqq -p,$$

entsprechend fehlt bei der Abb. 9d eine bestimmt orientierte Gleitebene, wenn von der Größe $-p$ abgesehen wird. Ähnliches läßt sich vom Spannungszustand bei der Hohlkugel sagen. Diese Überlegungen gelten für den elastischen Zustand.

Im ebenen Spannungszustand verschwindet eine der drei Hauptspannungen der Gl. (25), beim offenen Rohr z. B. σ_1, so daß

$$\sigma_g = \sqrt{\sigma_2^2 + \sigma_3^2 - \sigma_2\sigma_3}. \qquad (26)$$

Die für eine Zylinderschale nach den vier Hypothesen zulässigen Spannungen sind in Zahlentafel I zusammengestellt, Spalte 1 für

Trommeln mit Böden, 2 für offene Röhren. Die Formeln sind auf der Elastizitätslehre aufgebaut [Gl. (11) bis (13)]. Die größte Hauptspannung ist in allen Fällen die Ringspannung, in der Zahlentafel ist daher $\sigma_{2\,max} = \sigma_{zul}$, die Hauptspannungen σ_1 und σ_3 sind angeschrieben. Bei den Formeln III (Schubspannungshypothese) fällt σ_1 als mittlere Hauptspannung außer Betracht, beim offenen Rohr ist σ_1 voraussetzungsgemäß $= 0$. Die Formeln II stammen von Grashof und Bach.

Zahlentafel I. Bruch- bzw. Fließhypothesen für die Zylinderschale, Innenseite, auf Grund der Elastizitätslehre.

	1 Rohr geschlossen $\sigma_1 = p\frac{i^2}{e^2 - i^2}$, $\sigma_3 = -p$	2 Rohr offen $\sigma_1 = 0$, $\sigma_3 = -p$
Hypothese	Spannung	Spannung
I. Max. Hauptspannung	$\sigma_{zul} \leqq p\frac{e^2 + i^2}{e^2 - i^2}$	$\sigma_{zul} \leqq p\frac{e^2 + i^2}{e^2 - i^2}$
II. Max. Dehnung . . .	$\sigma_{red\,zul} \leqq p\frac{1{,}3\,e^2 + 0{,}4\,i^2}{e^2 - i^2}$	$\sigma_{red\,zul} \leqq p\frac{1{,}3\,e^2 + 0{,}7\,i^2}{e^2 - i^2}$
III. Max. Schubspannung	$\tau_{zul} \leqq p\frac{e^2}{e^2 - i^2}$	$\tau_{zul} \leqq p\frac{e^2}{e^2 - i^2}$
IV. Max. Anstrengung .	$\sigma_g \leqq p\frac{e^2}{e^2 - i^2}\sqrt{3}$	$\sigma_g \leqq \frac{p}{e^2 - i^2}\sqrt{3\,e^4 + i^4}$

Die Zahlentafel zeigt eine fast verwirrende Manigfaltigkeit der Ausdrücke, die den verschiedenen Auffassungen entsprechen. Die Durchrechnung eines Beispiels zeigt, daß die Formeln gemäß der Hauptspannungshypothese die größten Werte ergeben[1]. Heute wird mehr

[1] Beispiel: Probebehälter gemäß Kap. 21, Abb. 84. Abmessungen dort angegeben.

	Streckgrenze erreicht bei 100 atü kg/cm²	Sprengdruck 162 atü Urspr. Abmessungen kg/cm²	Sprengdruck 162 atü Behälter verformt kg/cm²
$\sigma = p\frac{i}{s}$	2400	3880	4420
$\sigma = p\frac{e^2 + i^2}{e^2 - i^2}$	2450	3980	4500
$\sigma_{red} = p\frac{1{,}3\,e^2 + 0{,}4\,i^2}{e^2 - i^2}$	2120	3450	3900
$\tau = p\frac{e^2}{e^2 - i^2}$	1270	2070	2330
$\sigma_g = p\frac{e^2}{e^2 - i^2}\sqrt{3}$	2210	3580	4040

Hier sind die Formeln, obwohl für den elastischen Bereich aufgebaut, auch für den Zustand bei der Sprengung angewendet, letzte Spalte.

die Gestaltänderungsenergie (Formeln IV) als die maßgebende physikalische Größe für die Verformung von Flußeisen, d. h. für die **Fließgefahr** angesehen.

3. Der plastische Zustand.

Die **elastische** — federnde — Formänderung beruht auf der Verzerrung des Kristallgitters,

die **plastische** — bildsame — Formänderung hauptsächlich auf Gleitungen in den kristallographisch bestimmten Gleitflächen und Gleitrichtungen[1].

Während die elastische Formveränderung mit einer Volumenvermehrung verbunden ist, ist diese $= 0$ im **plastischen Zustand**. An Stelle des Wertes der Querkontraktionszahl $m = 10/3$ im elastischen Zustand tritt im plastischen[2] $m = 2$, an Stelle des Elastizitätsmoduls E in den Gl. (3) der Plastizitätsmodul D, so daß die bleibenden Hauptdehnungen bestimmt sind durch

$$\delta_1 = \frac{1}{D}\left[\sigma_1 - \frac{1}{2}(\sigma_2 + \sigma_3)\right] \quad \text{usw.} \tag{28}$$

Für ein und dasselbe Material ist E ein konstanter Wert $= \operatorname{tg}\alpha = \sigma_p : \varepsilon_p$, Abb. 10. Der Wert von D dagegen ist veränderlich und wird ausgedrückt durch $\operatorname{tg}\omega = \sigma : \varepsilon_v$. ε_v ist die plastische Dehnung. Die gesamte Dehnung setzt sich somit zusammen aus der elastischen ε_p' und der plastischen ε_v.

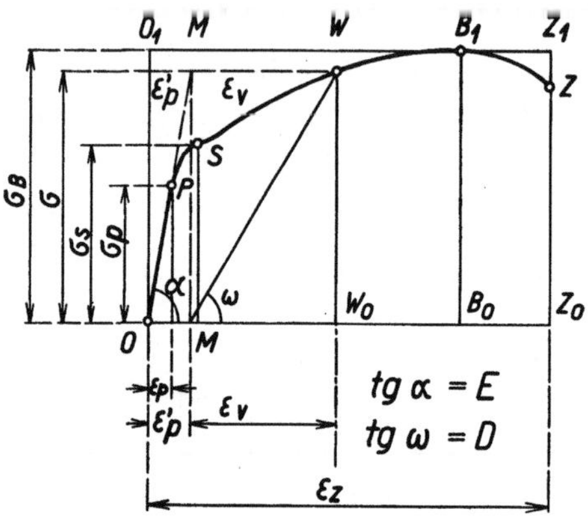

Abb. 10. Spannungs-Dehnungs-Diagramm für Kohlenstoffstähle.

Im zweiachsigen Spannungszustand ist

$$\left.\begin{aligned} \delta_1 &= \frac{1}{D}\left(\sigma_1 - \frac{1}{2}\sigma_2\right), \\ \delta_2 &= \frac{1}{D}\left(\sigma_2 - \frac{1}{2}\sigma_1\right), \\ \delta_3 &= -\frac{1}{2D}(\sigma_1 + \sigma_2). \end{aligned}\right\} \tag{29}$$

Die Gleichungen für die Anstrengung, die zum plastischen Zustand führen, lauten wie früher

$$\sigma_g = \sqrt{\sigma_1^2 + \sigma_2^2 + \sigma_3^2 - \sigma_1\sigma_2 - \sigma_2\sigma_3 - \sigma_3\sigma_1}, \tag{30}$$

[1] Roš u. Eichinger: Festigkeitseigenschaften der Stähle bei hohen Temperaturen. Zürich 1935.

[2] Roš u. Eichinger: Versuche zur Klärung der Frage der Bruchgefahr. III. Metalle. Zürich 1929.

im zweiachsigen Zustand

$$\sigma_g = \sqrt{\sigma_1^2 + \sigma_2^2 - \sigma_1\sigma_2} \tag{31}$$

oder allgemein

$$\sigma_g = \sqrt{\sigma_x^2 + \sigma_y^2 - \sigma_x\sigma_y + 3\tau_{xy}^2}, \tag{32}$$

wobei σ_g die Vergleichsspannung oder Anstrengung, z. B. die Zugspannung des betr. Werkstoffes bedeutet. Soll Plastizität vermieden werden, so muß σ_g unter der Streckgrenze bleiben.

Die plastische Formänderung bzw. die Vergleichsdehnung ist ausgedrückt durch

$$\delta_g = \tfrac{2}{3}\sqrt{\delta_1^2 + \delta_2^2 + \delta_3^2 - \delta_1\delta_2 - \delta_2\delta_3 - \delta_3\delta_1}, \tag{33}$$

von der gemäß Gl. (28) σ_g abhängt.

Unter Benutzung dieser Gleichungen weisen Roš-Eichinger[1] nach, daß die plastische Dehnung einer Zylinderschale in axialer Richtung 0 wird, d. h. sie dehnt sich in dieser Richtung bloß im elastischen Bereich. Die Fließspannung in Richtung der Ringtangente ist dagegen im plastischen Zustand 15% höher als beim gewöhnlichen Zugversuch.

4. Die Ermüdung[1].

Die Ermüdung tritt nur beim Lastwechsel ein, aus dem Grunde, weil dabei das innere Gleichgewicht des Kristallgitters wiederholt in wechselndem Sinne gestört wird.

Für einen allgemeinen dreiachsigen Spannungszustand liegen die Grenzzustände der Schwingungsfestigkeit auf einer Ellipse, deren Gleichung

$$\sigma_{g\,\text{Dauer}} = \sqrt{\sigma_1^2 + \sigma_2^2 - \sigma_1\sigma_2} = \text{konst.},$$

was die Gl. (31) der Vergleichsspannung σ_g ist. Die Schwingungsfestigkeit des zweiachsigen Zug-Druck-Versuches B ist, wie die Abb. 11 zeigt, gleich wie beim einachsigen Zug-Druck-Versuch A. Dagegen beträgt die Schubspannung des Torsionsversuches D nur 58% der beiden erstgenannten.

Die Werkstoffe können in der Regel die gleiche ruhende Last, wenn die Beanspruchung nur wenig unterhalb der Zugfestigkeit liegt, beliebig lange ertragen, bei der Überschreitung der Streckgrenze, d. h. im plastischen Bereich, wird der Werkstoff „verfestigt“, es findet eine Hebung der Proportionalitätsgrenze statt. Bei der Entlastung auf die Spannung 0 und bei der Wiederbelastung auf die frühere Spannung ist die Dehnung proportional der Spannung wie im elastischen Bereich. Beim Spannungswechsel (Zug-Druck) dagegen bleibt die Verfestigung nicht mehr wirksam, es entsteht im Gegenteil eine Entfestigung

[1] 6 Vorträge: Neuzeitige Probleme der Materialprüfung. Zürich 1932.

(Bauschinger-Effekt), daran festzustellen, daß schon bei geringen Spannungen eine Proportionalität zwischen Spannung und Dehnung nicht mehr vorhanden ist, im Spannungsbild durch das Vorhandensein einer

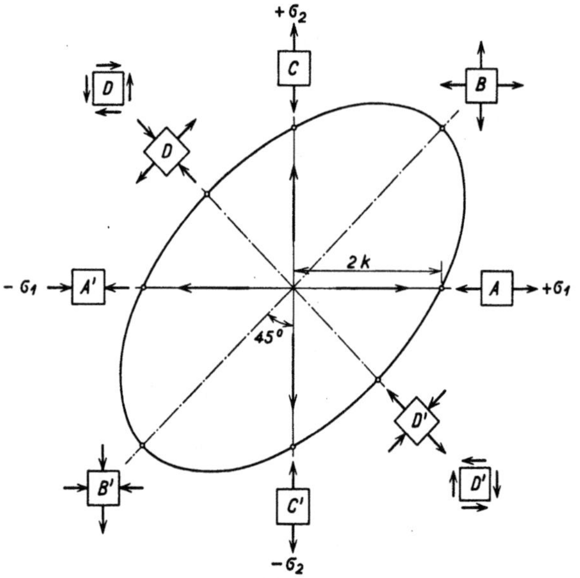

Abb. 11. Grenzzustände der Schwingungsfestigkeit, elastischer Bereich.

Schleife erkennbar. Die günstige Eigenschaft der vollkommenen Elastizität, welche ohne jede Änderung im Materialgefüge beliebig oft wiederholte Lastwechsel erlaubte, ist durch die plastische Formänderung eingebüßt. Wird die Umkehr, die bei Abb. 12, links, von + zu — geht, nur teilweise zustande gebracht, bis 0 oder innerhalb der +-Grenze, so wird die Hysteresisschleife schmäler, der Bauschinger-Effekt geringer, bis bei ganz geringen Lastschwankungen wieder Proportionalität zwischen Spannung und Dehnung erreicht ist.

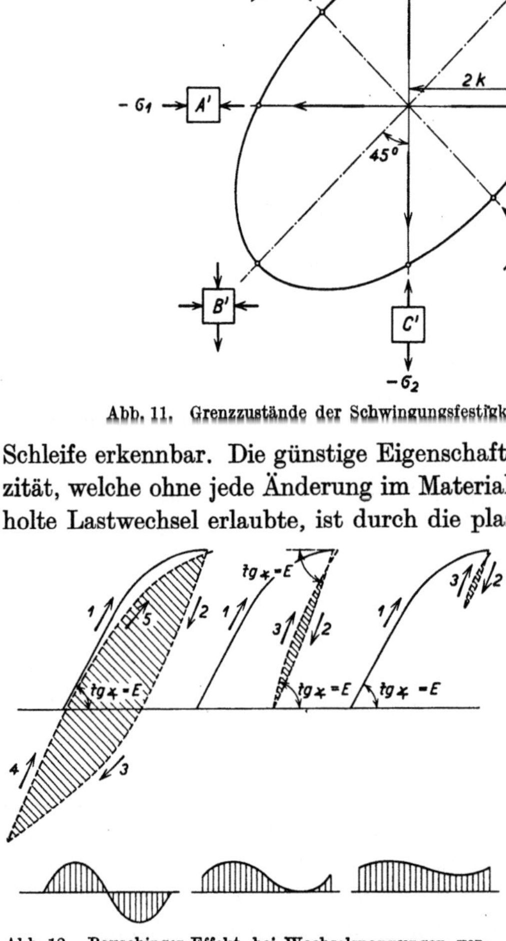

Abb. 12. Bauschinger-Effekt bei Wechselspannungen verschiedener Größe im plastischen Bereich.

Für die technisch wichtigsten Fälle des Zug-Druck-Wechsels sind für einige Stähle die Grenzzustände der Wechselfestigkeit bekannt, nämlich

$$\sigma_{\max} = \sigma_u\left(1 + \frac{1}{4}\,\frac{\sigma_{\min}}{\sigma_{\max}}\right), \tag{34}$$

wo $\sigma_u \backsim 0{,}6\, \sigma_B$. Auf diesen Grundsätzen sind die Arbeitsblätter des VDI aufgebaut.

Durch hohe Temperaturen werden die Gitterstörungen zum Teil wieder beseitigt bis zum Punkt, bei dem die Störung rascher zunimmt, als durch Wärme wieder gutgemacht werden kann[1].

5. Das Formänderungsvermögen der Wände der Kessel und Behälter.

Spröde Werkstoffe sind gefährlicher als die dehnbaren, ein zwingender Grund dafür, die Verwendung zäher Stoffe im Kesselbau vorzuschreiben. Ludwik[2] weist darauf hin, daß beim dreiachsigen Spannungszustand selbst Stoffe mit großer Dehnbarkeit bei einachsiger Beanspruchung sich ganz wie spröde Körper verhalten. In der Abb. 13 ist OM das Zugdiagramm bei einachsiger Beanspruchung, die Dehnungen ε als Abszissen, die Zugspannungen σ_z als Ordinaten aufgetragen, wobei in M noch vor Beginn der Einschnürung ein Trennungsbruch erfolgen möge, dann wird bei dreiachsiger Beanspruchung, mit dem Querzug $\sigma_x = \sigma_y = \frac{1}{4}\sigma_z$, $\frac{1}{2}\sigma_z$, $\frac{3}{4}\sigma_z$, die nämliche Längsspannung σ_z in ihrer Richtung nur verminderte Dehnungen Om_1, Om_2, Om_3 hervorbringen.

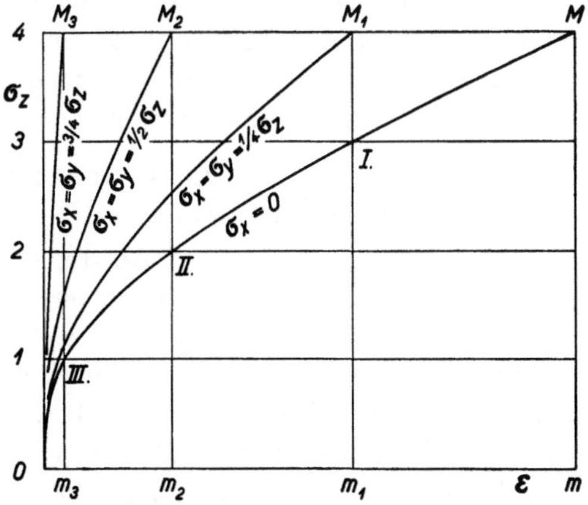

Abb. 13. Einfluß räumlicher Spannungszustände auf das Formänderungsvermögen nach Ludwik.

Bei den Versuchen von Roš und Eichinger zeigte ein Hohlstab, der nur durch inneren Wasserdruck gesprengt wurde, folgende Zahlen, denen diejenigen eines nämlichen Zugstabes gegenübergestellt sind:

Hohlstab, Längszug	$\sigma_B = 4810$ kg/cm²	$\delta_{(11,3\sqrt{F})} = 29\%$
„ mit Innendruck . .	$\sigma_2 = 4260$ „	$\delta = 10{,}4\%$

(für den letztgenannten Stab ist $\sigma_g = 4060$ kg/cm², auf den Bruch bezogen).

Die größte Ringdehnung einer Kesselwand ist also erheblich geringer als die Längsdehnung von Stäben des nämlichen Werkstoffes. Sprengungsversuche von Probebehältern haben dies bestätigt, es sei auf

[1] Orowan: Kristallplastizität. Schweiz. Arch. angew. Wissensch. u. Technik, Solothurn, 1935 S. 117.

[2] Bruchgefahr und Materialprüfung. Zürich 1928.

frühere Versuche (Erfahrungen des Verfassers[1]) und auf neuere Sprengungsversuche hingewiesen (Kap. 4, 21 und 22).

Die Versuche von Siebel[2] bestätigen, daß bei gleich großem Quer- und Längszug das Formänderungsvermögen einen Mindestwert erreicht, um wieder anzusteigen, wenn der Längszug unter dem Querzug sinkt (Fall der Kessel und Behälter). Jedoch bleibt das Formänderungsvermögen bei reinem Querzug unter demjenigen bei reinem Längszug. Die bei derartigen Belastungsfällen auftretenden Längsrisse zeigen sprödes Gefüge.

Dieser Sachverhalt bleibt bedeutungsvoll. Damit ist mancher Bruch von Kesselschalen im vollen Blech schon bei der Druckprobe erklärt. Es ist daher notwendig, daß nur zähe Werkstoffe Verwendung finden. Die Kessel oder Gefäße müssen einen entsprechenden Überschuß an Werkstoff (Reserve) aufweisen, nur dann ist genügende Sicherheit gewährleistet. (In diesem Zusammenhang ist immerhin zu beachten, daß die Kerbzähigkeit mit steigender Temperatur bis zu einer entsprechenden Grenze zunimmt.)

6. Die Bruchbildung.

Wir müssen dreierlei unterscheiden:

a) Fließgefahr: maßgebend Anstrengung σ_g.

b) Bruchgefahr: Gleitungsbruch, maßgebend τ_{max},
Trenungsbruch, maßgebend σ_{max}.

Während der Gleitungsbruch durch Überwindung des höchstmöglichen vom Material zu leistenden Gleitwiderstandes entsteht, beruht der Trennungsbruch auf der Überwindung des Reißwiderstandes des betr. Werkstoffes. In diesem Falle trennen sich die Gefügeteile in der Richtung senkrecht zu dieser Reißfläche, im Gegensatz zum Abgleiten, welches in der Gleitfläche erfolgt. Gleitungs- und Trennungsbrüche sind bei Zugprobestäben leicht zu unterscheiden.

Wenn ein hoher Wert von τ die Voraussetzung für Gleitungsbrüche bildet, so beachte man, daß gemäß Gl. (17) τ einen Höchstwert annimmt, wenn $\sigma_{max} = -\sigma_{min}$. Ist jedoch $\sigma_{max} = \sigma_{min}$, so verschwindet die Schubspannung, und es besteht Wahrscheinlichkeit für den Trennungsbruch. Für Kessel ist $\sigma_{max} = \sigma_2$, $\sigma_{min} = -\sigma_3 \backsim 0$, somit $\tau_{max} = \sigma_2/2$. Wie schon angedeutet, wiegen bei Probebehältern sowie gebrauchten Kesseln erfahrungsgemäß die Trennungsbrüche vor. Die zugeschärften Bruchflächen gerissener Wasserrohre sind der hohen Temperatur und dem dadurch bedingten Kriechen des Materials zuzuschreiben.

Die Erscheinung, daß sich die Bruchlinien gesprengter Probebehälter oft gabeln, manchmal ganz symmetrisch[3], ist noch nicht erklärt. Jedenfalls ist der verbiegende Einfluß der Böden von Belang.

[1] Festigkeit elektrisch geschweißter Hohlkörper. Berlin: Julius Springer 1923.

[2] Der Einfluß mehrachsiger Spannungszustände auf das Formänderungsvermögen metallischer Werkstoffe. Z. VDI 1933 S. 1345.

[3] Beispiel in Z. VDI 1932 S. 680.

7. Die Kraftfelder.

Die Brüche der Kessel sind nicht immer dem ungeeigneten Werkstoff zuzuschreiben, mitunter fehlt es auch an der Formgebung (Konstruktion); einzelne Teile sind überbeansprucht. Dies zu vermeiden, sind die Mittel der Rechnung nicht immer hinreichend. Den Schlüssel findet der Maschinenbauer oder Kesselersteller in der Anwendung der Theorie der Kraftfelder in festen elastischen Körpern[1].

Als Beispiel bringt Abb. 51, Kap. 11, das Kraftfeld eines Stabes mit aufgeschweißten Laschen.

Die Vornahme von Dehnungsmessungen zur Erforschung der Spannungszustände kann nicht genug empfohlen werden.

4. Form und Festigkeit der Stumpfnähte.

1. Die Nahtprofile.

Allgemein werden als Stumpfnähte diejenigen bezeichnet, bei denen die zwei zu verschweißenden Blechenden in der nämlichen Fläche liegen. Die Fugenprofile sind verschiedener Art. Ein Fugenprofil mit senkrecht abgesetzten Rändern ist nur für dünne Bleche, für elektrische Schweißungen etwa unter 3 bis 4 mm zulässig. Die gebräuchlichen Profile V, X und U (= becherförmig) sind in Abb. 14 zusammengestellt, die Ziffern *1* bis *4* dienen der Darstellung des Fertigungsganges. Ist die Naht auf der weiten Seite geschweißt (Ziffer *2*), so ist es unerläßlich, sie zunächst wurzelseitig auszustemmen — was mit dem Drucklufthammer geschehen kann — und erst dann fertig zu schweißen (Ziffern *3* und *4*). Von dieser Behandlung hängt die Nahtfestigkeit ganz wesentlich ab[2].

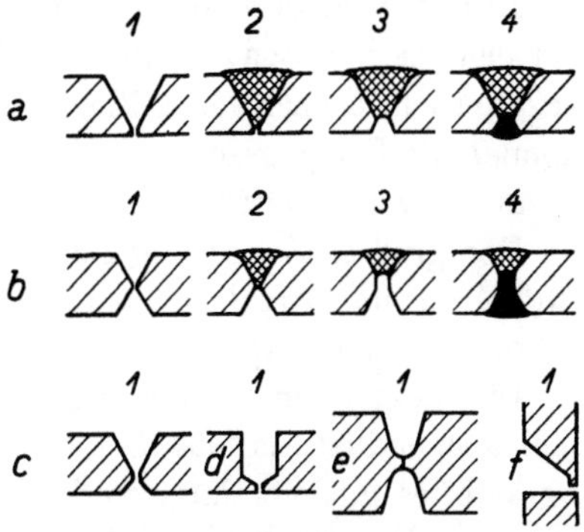

Abb. 14. Profile elektrisch zu schweißender Nähte in der Reihenfolge der Fertigung.

Für Bleche bis rd. 18 mm ist das V-Profil gebräuchlich, für dickere Bleche das X-Profil; die Winkel sind für die elektrische Schweißung 55° bis 60°, für die autogene 60 bis 80°. Trotz der mit dem X-Profil erzielbaren Ersparnis an Werkstoff und Zeit — das geschlossene X-Profil hat den halben Flächeninhalt des V-Profils — werden die X-Nähte von den Werken nicht bevorzugt. In der Mitte symmetrischer X-Nähte

[1] Gleichnamiges Buch von Dr.-Ing. Th. Wyss. Berlin: Julius Springer.

[2] Die schweizerischen Vorschriften anerkennen ein Festigkeitsverhältnis $v = 50\%$ für einseitig geschweißte Nähte und $v = 70\%$ für ausgestemmte und wurzelseitig nachgeschweißte Nähte.

bilden sich häufig Blasen oder verbleiben Schlackennester, die nicht leicht ausgestemmt werden können. Die Zugänglichkeit für das Ausstemmen wird verbessert durch das unsymmetrische X-Profil, *1c* von Abb. 14, besonders für dünnere Bleche.

Mehr und mehr bevorzugen die Werke die U-Naht, bloß angedeutet unter d_1, Abb. 14. Sie ist weniger leicht zugänglich als X und V, gewährt aber den Vorteil raschen Schweißens, weil die Schweißdrähte nach drei Seiten gleichzeitig abschmelzen, man kommt mit wenig Raupen aus und kann recht dicke Drähte verwenden. Zwischen Drahtumhüllung und jeder Wand muß etwas Raum verbleiben. In den tiefen Gräben verspritzt wenig Material, die Wärme wird zusammengehalten, die untenliegenden Raupen gut ausgeglüht. Über die Verwendung dicker Schweißdrähte vergleiche man Kap. 2 B 2 und Kap. 7. Bei dicken Blechen, z. B. 50 mm, wird man die X-Naht ausbechern, wie bei *1e* gezeigt.

Vorlage *1f* bringt nach Vorschlag von Brown-Boveri, Baden, noch ein unsymmetrisches V-Profil, günstig für Nähte, die an vertikaler Wand geschweißt werden müssen, wie z. B. für Rundnähte großer stehender Behälter, aber auch in anderen Fällen. Das Profil ist weit geöffnet.

In der Abb. 14 sind die Fugen mit Spaltöffnung dargestellt wie bei der elektrischen Schweißung üblich und bei der Gasschmelzschweißung erforderlich, bei schweren Blechen und elektrischer Schweißung dagegen können die Fugen geschlossen geschweißt werden, wie bei *1e* angedeutet, wenn sie wurzelseitig ausgemeißelt werden.

Von größter Bedeutung für die Wahl des einen oder anderen Profils sind Größe und Art der Schrumpfung. Hierüber vergleiche man die Ausführungen von Kap. 7.

Die elektrische Schweißung ist eine metallurgisches Problem, ausschlaggebend ist, daß das Schweißgut sich mit den Rändern des Grundwerkstoffes gut vereinigt und die Eigenschaften des letzteren erhält. Die sog. Einbrandtiefe, d. h. die Bildung von Löchern und Kratern im Grundwerkstoff ist bedeutungslos. Endkrater sind überhaupt streng zu vermeiden.

Bei der Gasschmelzschweißung werden geschweißte und auf der Wurzelseite ausgestemmte V- sowie X-Nähte mit dem gewünschten Erfolg nur elektrisch, nicht autogen nachgeschweißt.

2. Zurüsten der Bleche zum Schweißen.

Die Fugen werden durch Spanabhebung oder durch den Sauerstoffbrenner ins Profil geschnitten. Früher hat man Glühen der Bleche nach ihrer Zurüstung mit dem Brenner verlangt. Die neuere Forschung[1] weist darauf hin, daß die beim Brennschnitt auftretende

[1] Hilpert: Werkstoffveränderungen der mit Schneidbrennern bearbeiteten Raustähle. Z. VDI 1931 S. 649.

Gefügeumwandlung zumeist keine Verschlechterung der Werkstoffeigenschaften bedeutet.

Bei Blechen verschiedener Dicke ist das dickere durch Spanabhebung bei der Fuge dem dünneren anzupassen, damit beiderseits der Naht die Bleche möglichst gleiche Dicke erhalten.

3. Die Festigkeit der Stumpfnähte.

Die Nachweise gehen heute sehr ins Weite, Prüfungen werden täglich in der ganzen Welt gemacht[1]. An neueren Versuchen liegen dem Verf. die hiernach bezeichneten nahe. Sodann sei insbesondere auf die Arbeiten von Prox[2] hingewiesen.

Versuche des Schweizerischen Verbandes für die Materialprüfungen der Technik (Zürich)[3].

Zahl der Probestäbe insgesamt 800. Die Ergebnisse hinsichtlich der Stäbe aus Schweißgut sind in Zahlentafel II, hinsichtlich der Stäbe mit Naht in Zahlentafel III zusammengestellt. Erläuternde Angaben:

Zahlentafel II. Stäbe aus Schweißgut. $D = 15$ mm, $l = 75$ mm.

Verfahren autogen	Zahl Stäbe	σ_B mitt.	σ_B max.	σ_B min.	δ_5% mitt.	Verfahren elektrisch	Zahl Stäbe	σ_B mitt.	σ_B max.	σ_B min.	δ_5% mitt.
1	6	39,6	42,2	37,3	21,9	8	4	47,6	52,5	42,9	14,8
2	6	37,2	42,0	34,7	12,1	9	4	42,8	46,9	37,7	7,7
3	6	36,9	39,2	29,7	15,9	10	4	40,3	41,2	38,8	13,0
4	6	41,0	44,8	36,1	11,4	11	2	55,0			24,3
elektrisch						12	4	40,8	42,1	39,3	11,6
5	2	51,1			21,6	13	4	36,4	40,3	32,4	6,2
6	2	35,9			7,4	14	2	24,4			1,6
7	2	47,1			21,5						

Zu Zahlentafel II:

a) Gasschmelzschweißung, Stäbe aus Schweißgut.

1 Gewöhnliche Gasschmelzschweißung, mit dem Brenner geglüht.
2 Rechtsschweißung mit gewöhnlichem Schweißdraht, Naht nicht geglüht.
3 Rechtsschweißung mit gewöhnlichem Schweißdraht, Naht geglüht.
4 Rechtsschweißung mit amerikanischem „High test", Schweißdraht, Schweißdraht geglüht.

b) Lichtbogenschweißung, Stäbe aus Schweißgut.

A. Stromarten:

5 Gleichstrom mit 60 V Konstantspannung und vorgeschaltetem Hauptstromregler.
6 Gleichstrommaschine mit Nebenschlußregulierung und abfallender Charakteristik.
7 Wechselstromapparat.

5, 6 und 7 mit gleichen bewickelten Schweißdrähten geschweißt.

---

[1] Rückblickend darf der Verfasser erwähnen, frühzeitig auf die Verwendbarkeit der autogenen Schweißung (1914) und der elektrischen Schweißung (1923) öffentlich hingewiesen zu haben, vgl. Schriften im Verlag Julius Springer und Niederschrift Allgem. Verband D. Dampfkessel-Überwachungsvereine, Nürnberg 1924.

[2] Erkenntnisse usw. Z. VDI 1932 S. 497 — Mitteilungen 42 VGB.

[3] Ber. Nr. 19 der EMPA. Zürich 1932.

B. Schweißdrahtsorten, unter Verwendung von Gleichstrom:
8—9 umwickelt, 10—12 getaucht.
13 blanker Draht, nichtmetallische Seele.
14 gewöhnliche nackte Schweißstäbe.

Zahlentafel III. Stäbe mit Naht, Mittelwerte.

Verfahren autogen	Zahl Stäbe	σ_B	$\varkappa = 50\frac{s}{r}$	Verfahren elektrisch	Zahl Stäbe	σ_B	$\varkappa = 50\frac{s}{r}$
1	18	36,3	40	8	32	41,3	39
2	18	35,1	29	9	32	41,6	34
3	18	36,5	39	10	32	38,2	32
4	18	40,2	52	11	16	37,7	37
elektrisch				12	32	41,1	29
5	16	42,1	55	13	32	37,6	15
6	16	40,2	21	14	16	26,7	7
7	16	42,6	65				

Zu Zahlentafel III:

Gasschmelzschweißung und Lichtbogenschweißung, Stäbe mit Naht.

Grundwerkstoff: SM-Flußstahlblech 33,0 bis 37,4 kg/mm² Festigkeit, $\delta_{10} = 22{,}5$ bis 32%.

Blechdicke 10 oder 17 oder 25 mm, Fugen: V und X. Zugprobestäbe leicht eingeschnürt in der Ausarbeitung, Wulste fortgearbeitet. Mit Ausnahme der Stäbe von Verfahren 1 nicht geglüht.

Ergebnis. Gasschmelzschweißung. Vom Standpunkt der Festigkeit bietet die Rechtsschweißung, ungeglüht, keinerlei Vorteile. Es dürften die zusätzlichen inneren Spannungen infolge Wärmeeinwirkung im geschweißten Stück als ganzes von geringerer Größenordnung sein. Die Verformungsfähigkeit auf Biegung (Falten) ist bei den geschweißten Stäben mit V-Fugen größer, wenn die Wurzel in der gedrückten Zone liegt. Höhere Festigkeit wurde mit (amerikanischen) High test-Schweißstäben erzielt. Die Biegezahl $\varkappa = 50\frac{s}{r}$, ein Maß für die Zähigkeit, ist nicht größer als bei der elektrischen Schweißung.

Elektrische Schweißung. Es ist nicht zu verkennen, daß den Ergebnissen von diesen vergleichenden Untersuchungen auch ein individueller und nicht nur ein allgemeiner Wert beizumessen ist. Wurzelseitig nicht nachgeschweißte Nähte zeigen bei den Faltbiegungsversuchen mit der Wurzel in der gezogenen Zone infolge der Kerbwirkung niedrigere Biegezahlen, als wenn die Wurzel in der gedrückten Zone liegt. Richtig und sorgfältig wurzelseitig nachgeschweißte V-Nähte weisen, wenn sie vor dem Nachschweißen ausgestemmt wurden, weitaus bessere Biegezahlen auf als die wurzelseitig nicht nachgeschweißten V-Nähte. Die Biegezahlen sind in der Regel von der gleichen Größenordnung wie bei Stäben mit X-Fugen. Mit erstklassigen Elektroden geschweißte dicke Stäbe zeigen höhere Biegezahlen, als dies bei der autogenen Schweißung normalerweise der Fall ist. Bei den Ätzproben, insbesondere bei den dicken Stäben, zeigt die obere an der Außenfläche liegende Partie ein grobkörniges Gefüge. Die Bleche zeigen in der Nähe der Nähte in der Ätzprobe wiederholt Grobkornstruktur. Bei Verfahren 14 sind die Nitrideinschlüsse häufiger. Diese Eigenheit steht im Einklang mit dem niedrigen Verformungsvermögen von Schweißgut, niedergeschmolzen aus nackten Drähten.

Nach Mitteilungen von Prox[1] sind die in Zahlentafel IV zusammengestellten Gütewerte der Schweißungen von Flußstahl unter Anwendung bewickelter Elektroden erreicht worden, die Stäbe sind geglüht, die Überhöhungen der Nähte entfernt.

Drei dieser Stäbe brachen außerhalb der Nähte. Die hier erreichte Festigkeit ist diejenige von Stahl, Sorte II oder III, die Kerbzähigkeit nicht viel unter der der betr. Stähle.

Diese Zahlentafeln besagen, daß hohe Festigkeit wie auch ausreichende Verformbarkeit des Schweißgutes unter guten Voraussetzungen erreicht werden kann.

Zahlentafel IV.
Zusammenstellung von Gütewerten der Schweißungen von Flußstahl II.

Zerreißversuch σ_B kg/mm²	Zerreißversuch δ 25 mm %	Zerreißversuch ψ %	Kerbschlag Kerbzähigkeit kgm/cm²	Biegeversuch $\alpha°$	Biegeversuch außen ε%
				180	30
48,0	24	21			
			17,3		
				180	32
48,3	32	30			
			21,7		
				180	32
47,5	36	35			
			15,5		
				180	30
49,2					
			21,1		
				180	32
46,3	28	26			
			15,8		
				180	32
49,0					
			21,2		
48,0	30	28	18,8	180	31

Versuche von Sulzer (1935) mit Probestäben Sorte I, 48 mm dick, geschweißt gemäß Abb. 14, *1e*, nach dem Schweißen spannungsfrei geglüht, ergaben u. a. die Mittelwerte:

Biegung ohne Anbruch um 180°, Krümmungsradius 30 mm.

Kerbzähigkeit 17,7 mkg/cm² (Stäbe 20 × 15).

Seit einiger Zeit (etwa seit 1932) sind in der Herstellung von Elektroden solche Fortschritte erzielt worden, daß mit den besseren Sorten Festigkeiten >50 kg/mm² und Dehnungen $\delta_{10} \geqq 15\%$, feststellbar an Probestäben aus reinem Schweißgut, leicht erzielt werden.

4. Versuche mit Probebehältern.

Für die Fragen der Kesselkonstruktion sind Sprengversuche geschweißter Behälter wesentlich. Zwei Beispiele seien erwähnt: die-

[1] Z. VDI 1932 S. 497.

jenigen von Czernasky (1932) und von Jamm und Weinrich (1933)[1], der erste hiernach mit A, der zweite mit B bezeichnet.

Grundwerkstoffe für die Trommeln, Bleche geglüht.

	C %	σ_S kg/mm²	σ_B kg/mm²	δ_{10} %
A	0,08		36—38,4	29,5—26,5
B	0,26	30,2	50,3	27,7

Die Nähte waren mit dünnen bewickelten Drähten geschweißt, die Trommeln geglüht worden. Verdickte V-Naht bei A. Zwei Längsnähte mit U-Fuge bei B, davon eine verdickt, die andere abgeschliffen. Bruchlinie von A parallel der Längsnaht, im Abstand von mindestens 75 mm, sich gegen die (Korbbogen-) Böden gabelnd. Bruchlinie bei B vom Mannloch des einen Halbkugelbodens ausgehend und längs der abgeschliffenen Naht verlaufend.

Zahlentafel V. Gesprengte Probebehälter.
D und s vor, D' und s' bei der Sprengung.
σ_2 Ringspannung im Blech bei Sprengung $= pD'/2s'$.

	p at	D mm	D' mm	s mm	s' mm	σ_2 kg/mm²	δ_2 %
A . . .	155	1534	1711	30	27,1	49	10,7
B . . .	303	1220	1298	40	37,6	52,3	6,0

Die Bruchspannungen in Ringrichtung σ_2 sind höher als diejenigen der Stäbe (einachsig), die Dehnungen erheblich geringer. Diese Beobachtungen stehen im Einklang mit anderen Versuchen, auch denjenigen des Verfassers[2]. Die Gründe für das genannte Verhalten der Grundwerkstoffe sind in Kap. 3, S. 24 und 25, angegeben.

Für Probebehälter A sind die Nähte nachträglich noch geprüft und gefunden worden (einachsig): Längsnaht, Zugfestigkeit, 39,2 kg/mm² Rundnähte 37,3 und 38,4 kg/mm².

Diese und andere Versuche beweisen die heutige Leistungsfähigkeit der elektrischen Schweißung.

Die Wassergasschweißung ist heute so weit vorgeschritten, daß Stahlbleche der Festigkeitsgruppe IV bis 80 mm verarbeitet werden können[3].

5. Einfluß des Glühens.

Wassergasgeschweißte Hohlkörper sind stets geglüht worden, heute erstreckt sich diese Forderung auch auf autogen und elektrisch geschweißte. Man kann drei Arten unterscheiden:

---

[1] Z. VDI 1932 S. 679; 1933 S. 901.
[2] Festigkeit elektrisch geschweißter Hohlkörper. Berlin: Julius Springer.
[3] Wallmann u. Pomp: Mitt. KWInst. Bd. 14 (1932).

a) Glühen mit dem Brenner, bei der Gasschmelzschweißung anwendbar.

b) Normalglühen im Glühofen.

c) Spannungsfreiglühen im Glühofen.

Zu a). Probestäbe, mit dem Brenner geglüht, werden im Verformungsvermögen verbessert, hinsichtlich ganzer Hohlkörper bestehen jedoch Bedenken ungleichmäßiger Wärmebehandlung, neue Innenspannungen können wachgerufen werden.

Über die Zweckmäßigkeit des Schmiedens autogen geschweißter Nähte nach dem Schweißen oder beim Nachglühen ist man geteilter Meinung.

Zu b) und c). Die Voraussetzungen für richtiges Glühen sind beim Schweißgut in der Regel andere als beim Urwerkstoff.

Durch sog. Spannungsfreiglühen bei Temperaturen von 600 bis 650° C können die Innenspannungen (Schrumpfspannungen) ausgeglichen werden, weil bei dieser Temperatur jede Kriechgrenze überschritten wird. Das Gefüge kann jedoch erst beim Glühen über dem oberen Umwandlungspunkt, dem sog. Normalglühen, verbessert werden, d. h. bei Sorten I und II bei Temperaturen von 880 bis 930° C. Es sind besonders die äußersten Raupen einer Naht, die ein Gußgefüge (Dentritenstruktur) aufweisen. Bei der hohen Temperatur besteht aber die Gefahr, daß die Glühstücke in ihrer äußeren Form Änderungen erleiden. Die Dauer der Abkühlung ist bei jeder Glühung hinsichtlich der Korngröße wesentlich. Feines Korn wird erstrebt und bei verhältnismäßig kurzer Abkühlung auch erreicht, wobei die Glühstücke jedoch nicht der Zugluft ausgesetzt werden dürfen zur Vermeidungen von Spannungen. Die Gefügeverfeinerung hat eine weitgehende Verbesserung der Festigkeitseigenschaften zur Folge, bei den weicheren Stahlsorten wird am stärksten die Kerbzähigkeit erhöht, bei den härteren mehr die Streckgrenze, Zugfestigkeit, Dehnung und Einschnürung. Für das Gefüge besteht das Gesetz, daß die Kristallisation aus einer Eisenlösung um so feinkörniger erfolgt, je weniger hoch und je kürzere Zeit die Lösung über ihre Entstehungstemperatur hinaus erhitzt wurde[1].

Kosten und Umstände verbieten es in vielen Fällen, geschweißte Hohlkörper zu glühen. Das Glühen scheint seinen Zweck besser zu erfüllen bei Maschinenteilen mit raschem Spannungswechsel im Betrieb als bei Kesseln. Glühen und Abkühlen lassen sich ohne Benutzung erprobter Einrichtungen — wobei auf die elektrischen Glühöfen hingewiesen sei — nicht richtig durchführen und auch dann nur mit größter Sachkunde; Schwierigkeiten zeigen sich besonders bei harten Werkstoffen, schon bei Sorte II. Dagegen wird das Glühen kaum zu um-

[1] Werkstoffhandbuch Stahl u. Eisen.

gehen sein bei großer Wanddicke und kleinem Durchmesser, etwa bei $s/D > 0{,}02$, Kap. 2 A 6. — Man beachte noch den Vorschlag des Gebrauchs austenitischer Elektroden (S. 15) zur Vermeidung des Glühens.

6. Die Berechnung der Stumpfnähte auf Festigkeit.

Die Stärke einer Naht ist ausgedrückt durch

$$P = v\, l\, s\, K_n, \tag{1}$$

wenn K_n die Berechnungsfestigkeit und v ein Sicherheitsbeiwert <1 ist. Die Nahtwulst ist bei s nicht zu berücksichtigen.

Der Verfasser schätzt:

1. $v = 0{,}50$ wurzelseitig nicht nachgeschweißt, ungeglüht.
2. $v = 0{,}60$ wurzelseitig nicht ausgestemmt, jedoch nachgeschweißt, ungeglüht.
3. $v = 0{,}70$ wurzelseitig ausgestemmt und nachgeschweißt, ungeglüht.
4. $v = 0{,}80$ wie 3., geglüht.

Diese Beiwerte sind vorsichtigerweise niedrig eingeschätzt, um einen Spielraum zu haben wegen individueller Eignung des Schweißers.

Als Berechnungsfestigkeit K_n der Naht ist ein Mittelwert von σ_B, der Zerreißfestigkeit geschweißter Nähte, zu nehmen. Als Mittelwerte können gelten:

K_n	autogene Schweißung	36 kg/mm²	
K_n	elektrische Schweißung, nicht umhüllte Elektroden .	34 ,,	
K_n	elektrische Schweißung, umhüllte Elektroden . . .	40 ,,	und mehr

Diese Berechnung kann in Fällen Platz greifen, wo eine behördliche Beordnung nicht besteht. Über die Berechnung von geschweißten Kesseln vgl. man Kap. 12/4.

Unter den verschiedenen Vorschlägen zur Einschätzung der Ermüdungsfestigkeit bei **Wechselbeanspruchung** mögen nur diejenigen von **Roš** und **Eichinger** berücksichtigt werden[1], die auf der Anstrengungshypothese (Gl. 32, Kap. 3) beruhen. Bedeuten im Sinne früherer Bezeichnungen

σ_1 Längsspannung der Naht,

σ_2 Normalspannung der Naht,

τ Schubspannung der Naht,

so ist, falls die Spannungen σ_1 und σ_2 gleichzeitig Zug- oder Druckspannungen sind,

$$\sigma_{0\,\mathrm{zul}} \geqq \sqrt{\left(\frac{\sigma_1}{\alpha_1}\right)^2 + 3\tau^2}, \qquad \sigma_{0\,\mathrm{zul}} \geqq \sqrt{\left(\frac{\sigma_2}{\alpha_2}\right)^2 + 3\tau^2}. \qquad (2)\text{ u. }(3)$$

Wenn σ_1 und σ_2 verschieden sind im Vorzeichen

$$\sigma_{0\,\mathrm{zul}} \geqq \sqrt{\left(\frac{\sigma_1}{\alpha_1}\right)^2 + \left(\frac{\sigma_2}{\alpha_2}\right)^2 + \frac{1}{2}\,\frac{\sigma_1\sigma_2}{\alpha_1\alpha_2} + 3\tau^2}, \tag{4}$$

[1] Festigkeit geschweißter Verbindungen. Zürich 1935.

worin $\sigma_0 = 19$ kg/mm² die Ursprungsfestigkeit des Grundmaterials, genietet, und

$$\alpha_1 = \frac{16}{19} \sim 0{,}85 \text{ Zug, } 1{,}0 \text{ Druck,}$$

$$\alpha_2 = \frac{13}{19} \sim 0{,}7 \text{ Zug, } 1{,}0 \text{ Druck,}$$

$$\tau_{\text{zul}} = \frac{11}{19}\sigma_{0\,\text{zul}} = 0{,}57\,\sigma_{0\,\text{zul}}\,.$$

Für geschweißte Stahlbauten sind die zulässigen Spannungen durch DIN 4100 gegeben.

Über die Dauerfestigkeit von Schweißnähten vgl. Kap. 11.

5. Form, Spannungszustand und Festigkeit der Kehlnähte.

1. Die Kehlnahtform.

Die Kehle, in die die Naht eingebettet wird, kann verschiedene Querschnittsformen haben. Bei *1* bis *3* von Abb. 15 ist die Kehle rechtwinklig, bei *5* und *6* stumpf- bzw. spitzwinklig. In der Größe des

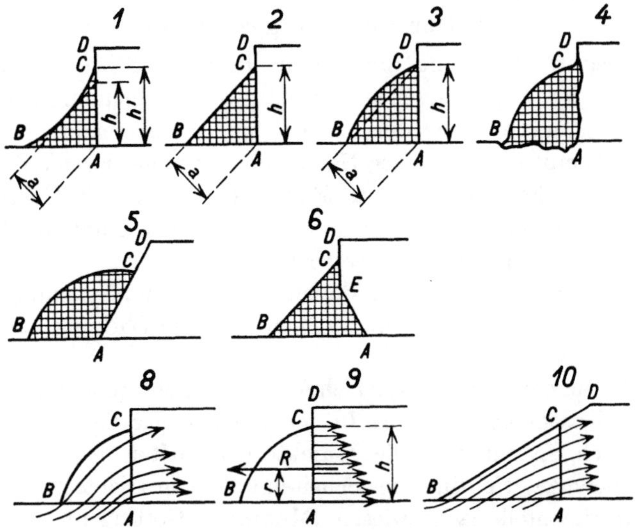

Abb. 15. Kehlnahtprofile und Kraftlinienverlauf.

Nahtquerschnittes bestehen bedeutende Unterschiede bei nämlicher Schenkellänge bzw. Länge der Haftkanten AB und AC, und es entsteht die Frage nach der größten Festigkeit bei nämlicher Kräfteübertragung von AB nach AC für verschiedene Formen der Naht. Die in Betracht fallenden Gesichtspunkte sind: günstiger Übergang der Kraftlinien durch die Kehlnaht, geringes Biegungsmoment infolge geringer Ausladung der Naht und Kerbwirkung.

Wir haben zunächst einen Entscheid zu treffen über die Größe des Kehlnahtwinkels BAC. Gemäß den Ausführungen von Kap. 10 (Abb. 45) ist die Widerstandsfähigkeit einer rechtwinklig geöffneten

Naht (*1* bis *3*) größer als bei einer stumpfwinklig geöffneten (*5*). Über die Eigenschaften von hinterschnittenen Nähten (*6*) ist wenig bekannt, indessen werden von Bühler[1] Vorteile bei Schwingungsbeanspruchung nachgewiesen[1], ebenso von Thum[2] u. a. Die hinterschnittene Naht hat eine geringe Ausladung, der Kraftfluß wird günstig. Man vgl. auch Kap. 8, Abb. 38 (*7b*).

Ist der Kehlnahtwinkel gewählt, so kommt es noch auf die Gestalt der Schlußlinie *BC* an, diese kann hohl (konkav) sein wie bei *1*, Abb. 15, geradlinig (dachförmig) wie bei *2* und überwölbt (konvex) wie bei *3*. Sanfte Übergänge wie bei der Hohlnaht *1* bewirken hohe Ermüdungs-, dagegen geringe statische Festigkeit; das Gegenteil hat sich hinsichtlich der überwölbten Naht (*2*) erwiesen, diese Form neigt zu Endkratern (Kerben), wie bei 4 angedeutet, und ist daher gefährlich bei Schwingungsbeanspruchung. Ratsam ist die Wahl einer Dachnaht *3*, womit die Übelstände der beiden vorerwähnten Nahtformen vermieden werden.

2. Der Spannungszustand.

Der Begriff „Kehlnaht" umfaßt die Begriffe „Stirn- und Flankennaht". Wir können unterscheiden zwischen den Spannungszuständen:

A. In Schnitten quer durch Stirn- und Flankennähte.

B. In Schnitten längs der Nähte, insbesondere der Flankennähte. In diesem Falle können die Flacheisen, die durch Überlagerung eine Kehle bilden, 1. eine freie Fuge oder 2. eine Naht überbrücken.

C. Beim Zusammenwirken solcher Nähte.

Dabei sehen wir zunächst davon ab, Schrumpfspannungen (vgl. Kap. 7) zu berücksichtigen, und ziehen bloß die Wirkung von Außenkräften in Betracht.

Zu A. **Spannungen im Querschnitt.** Verschiebt man die Stirn *AC* eines Flacheisens gemäß *8* bis *10* von Abb. 15 parallel zu sich selbst, so entstehen Spannungen, die Trajektorien dürften den angedeuteten Verlauf nehmen, sie sind im Scheitelpunkt am dichtesten. Dies ist auch experimentell nachgewiesen (Mesmer, Göttingen). Der Hebelarm r des Momentes $R\,r$ ist kleiner als $h/2$, vgl. *9* der Abb. 15. Das Schweißgut, das im Scheitel des ausgeschweißten Winkels eingebettet liegt, wird am stärksten beansprucht. Der ersten Raupe einer Kehlnaht ist daher die größte Sorgfalt zuzuwenden. Technologische Regel: Im Grund der Kehle sind nur dünne Elektroden zu verwenden. Es ist zweckmäßig, *CD* abzuschrägen wie bei *10*.

Zu B 1. **Spannungszustand der Flankennähte in Längsrichtung. Die Flacheisen überbrücken eine Trennfuge.** Im Stab, Abb. 16, nimmt

[1] Einfluß der Kehlnahtform auf die Festigkeit der Schweißnähte. Bern 1934.
[2] Z. VDI 1935 S. 692.

die Spannung σ_S im Bereich der Laschen ab von einem Höchstwert bis 0, gemäß AD, wenn die Abnahme proportional ist. Dagegen steigt in den Laschen die Spannung σ_L an, gemäß BC. Die Spannungen haben bei F nämliche Höhe[1]. Legen wir durch F eine Ebene und nehmen diese zum Ausgang für die Betrachtung, so können wir auf die relativen Verschiebungen von Stab und Laschen schließen.

Die Dehnungen

$$\frac{\Delta l}{l} = \varepsilon = \frac{\sigma}{E} \tag{1}$$

sind für jeden Schnitt verschieden, bei x ist $\varepsilon_x = \frac{\sigma_x}{E}$.

Für die ganze Längung gilt

$$\Delta l = \int_0^l \varepsilon\, dx \tag{2}$$

und bei linearem Spannungsverlauf

$$\varepsilon = c x\,, \qquad c = \varepsilon_{\max}/l\,, \tag{3}$$

$$\Delta l = \varepsilon_{\max} \frac{l}{2} = \frac{1}{E} \sigma_{\max} \frac{l}{2}\,. \tag{4}$$

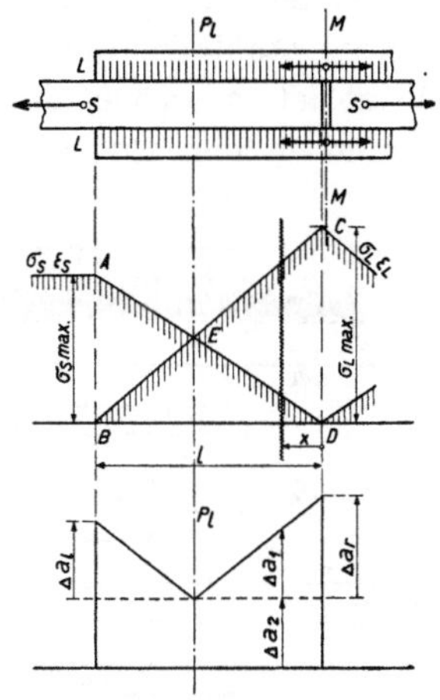

Abb. 16. Oben: Stab mit durch Flankennähte aufgeschweißten Laschen, das Blech ist durch eine Trennfuge gehälftet. Mitte: Schematischer Spannungsverlauf bei Blech und Laschen. Unten: Innere relative Verschiebungen Δa_1 (max. Werte Δa_l und Δa_r) bzw. äußere Δa_2, schematisch.

Bei nichtlinearem Spannungsverlauf können die Dehnungen aus dem Spannungsbild, das durch Messung bekannt sein muß (Beispiel in Abb. 19) gemäß

$$\Delta l = \frac{1}{E} \sum_0^l \sigma \Delta x \tag{5}$$

ermittelt werden. Die Längung Δl des Stabes ist verschieden von Δl der Laschen, schon wegen ungleichen Querschnitten. Außerdem dehnt sich der Stab örtlich bei gleichzeitiger Verkürzung der gegenüberliegenden Laschenteile und umgekehrt. Im Schnitt x ergibt sich die relative Verschiebung

$$\Delta a_1 = \Delta x_S - \Delta x_L = \frac{1}{E} \left(\sum_0^x \sigma_S \Delta x - \sum_0^x \sigma_L \Delta x \right). \tag{6}$$

Der Verlauf ist in Abb. 16 unten angegeben. Wir wollen die Verschiebungen Δa_1 als innere rel. Verschiebungen bezeichnen; es gibt, wie wir später sehen werden, noch eine andere Art der rel. Verschiebungen.

[1] Näheres in der Druckschrift: Über den Spannungszustand und die Festigkeit der Kehlnähte. Braunschweig: Vieweg & Sohn.

In einem Stab ist ein Spannungsverlauf gemäß Abb. 16 möglich. An der Stelle E ist $\sigma_L = \sigma_S$, in der Ebene durch E, der Bezugsebene (P_{links}), haben die rel. Verschiebungen den Wert 0, wir können sie zur Einspannungsebene machen. Rechts von P_l dehnen sich die Laschen mehr als die Stabteile, links davon die Stabteile mehr als die Laschen. Die Verschiebungsgröße $\varDelta a_1$ wächst nach den beiden Richtungen und nimmt in den Endstellungen Höchstwerte an (Abb. 16 unten).

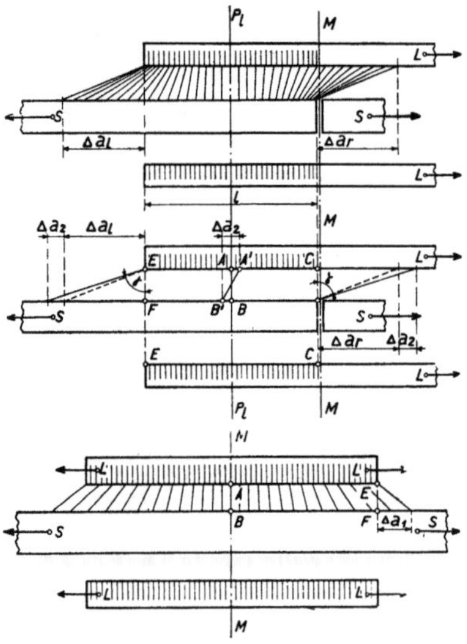

Abb. 17. Oben: Schema der Beanspruchung von Flankennähten durch innere rel. Verschiebungen ($\varDelta a_1$ bzw. $\varDelta a_l$ und $\varDelta a_r$) für Stäbe mit Trennfugen. Mitte: Schema der Beanspruchung durch innere und äußere rel. Verschiebungen $\varDelta a_l$ bzw. $\varDelta a_2$, Stäbe mit Trennfugen. Unten: Schema der Beanspruchung von Flankennähten durch innere rel. Verschiebungen $\varDelta a_l$ für vollwandige Stäbe.

Der Verschiebungsmechanismus kann durch den Vergleich der Verbindung ineinandergelegter Bürsten veranschaulicht werden. Stab und Laschen sind die Bürstenböden, die Flankennähte die Borsten (Abb. 17 oben). Das Material der Böden sei zunächst äußerst elastisch (Kautschuck). Im Schnitt $P_l P_l$ haben Spannungen und Dehnungen den nämlichen Wert, eine rel. Verschiebung findet nicht statt, die Borsten bleiben vertikal gestellt. Nach rechts wächst die Teilung der Borsten bei der Bürste L zunehmend, nach links nimmt sie ab. In Abb. 17 ist für Zu- und Abnahme ein linearer Verlauf angenommen.

Zu den bis jetzt betrachteten inneren rel. Verschiebungen $\varDelta a_1$ treten noch solche anderer Art, man wird sich ihrer bewußt, wenn die Böden der Bürsten unseres Gleichnisses nicht mehr elastisch sind, sondern starr, z. B. von Glas. Die mit S bezeichneten Stabhälften (Abb. 17 Mitte) werden nach außen gezogen. Bei der soeben angegebenen Voraussetzung bleibt die Länge l konstant, ebenso bei den Laschen L. Die Flankennähte haben eine beschränkte Elastizität in Längsrichtung. Die Borsten von ineinandergelegten Bürsten werden sich infolge der Zugwirkung alle in die nämliche Schräge einstellen, $A'B'$ von Abb. 17 Mitte. Die Projektion von $A'B'$ hat die Länge $\varDelta a_2$, dies gilt für alle Punkte. Der Verf. hat diese Art der Verschiebung äußere rel. Verschiebung genannt, sie ist durch die Konstanz ihres Wertes ($\varDelta a_2$) gekennzeichnet. Es ist diejenige Verschiebung, die bei Vernietungen mit „Gleiten“ bezeichnet wird. Wie wir noch sehen werden, können rel. Verschiebungen und Schubspannungen als proportionale Größen aufgefaßt werden. Die (mittlere) Schubspannung $\bar{\tau}$, die der äußeren rel. Verschiebung $\varDelta a_2$ entspricht, kann berechnet werden, es ist die Schubspannung, die am Zeichnungstisch als Quotient aus Belastung und Haftfläche ermittelt wird [Gl. (10)].

Die gesamte rel. Verschiebung ergibt sich bei Stäben mit Trennfuge aus der Summe der inneren und äußeren rel. Verschiebungen

$$\varDelta a = \varDelta a_1 + \varDelta a_2 . \tag{7}$$

Das Schema des Verlaufs der gesamten rel. Verschiebung $\varDelta a$ ist in Abb. 16 unten angegeben. In der Bezugsebene (P_l) erreicht $\varDelta a$ einen Mindestwert, nämlich $\varDelta a_2$ (für die Verhältnisse rechts von der Fuge wäre das Spiegelbild maßgebend).

Der bisher betrachtete Fall des Stabes mit Trennfuge ist auf Knotenbleche anwendbar, wenn Streben so an diese angeschweißt werden, daß die Flankennähte der Streben bis an die Ränder der Knotenbleche reichen.

Zu B 2. **Flacheisen, die an volles Blech angeschweißt sind.** Dieser Fall, in Abb. 18 dargestellt, ist derjenige der Sicherung geschweißter Nähte von zylindrischen Hohlkörpern durch Laschen. Dieser Spannungszustand ist weit einfacher als derjenige der Abb. 16, auch der Mechanismus der Verschiebung. Die zwei Bezugsebenen verschmelzen sich zu einer einzigen Ebene, der Symmetrieebene, die äußere rel. Verschiebung $\varDelta a_2$ fällt wegen Fehlens einer Trennfuge dahin, d. h. $\varDelta a_2 = 0$ und $\varDelta a = \varDelta a_1$. Die Verschiebungen erfolgen nur nach Maßgabe der Dehnungsunterschiede.

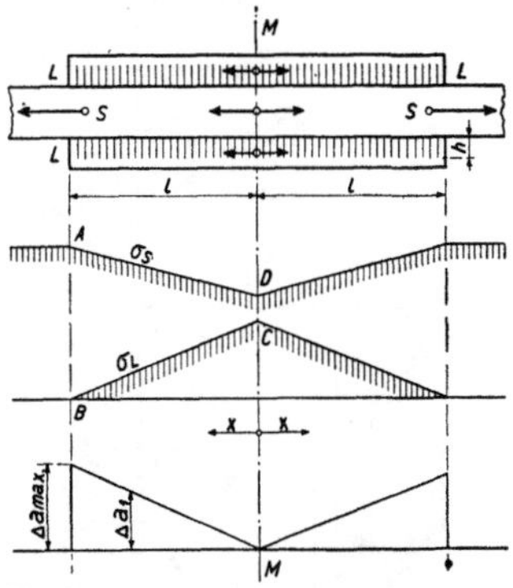

Abb. 18. Oben: Stab mit durch Flankennähte aufgeschweißten Laschen. Das Blech ist voll. Mitte: Schematischer Spannungsverlauf bei Blech und Laschen. Unten: Innere relative Verschiebungen $\varDelta a_l$ schematisch.

Auf das Gleichnis der ineinandergelegten Bürsten bezieht sich Abb. 17 unten, wobei zu bemerken ist, daß der Stab sich mehr dehnt als die Laschen.

Untersuchungen durch Messung.

Fall B 1. **Messungen am Stab mit freier Fuge, Flankennähte.** Den Beweis der Richtigkeit dieser Anschauungen bringen die Abb. 19 und 20. Die Dehnungen des mit Laschen versehenen Stabes Abb. 19 werden vom Punkt M aus gemessen, das eine Mal bis zu Punkten der Laschen, das andere bis zu den mit dem Stab verbundenen Zapfen.

Der Spannungsverlauf ist unten in Abb. 19 angegeben, er ist dem schematischen der Abb. 16 Mitte ähnlich. Die Dehnungen sind oben aufgetragen, S auf den Stab, L auf die Laschen bezugnehmend. Die Unterschiede der Dehnungen, d. h. die relativen Verschiebungen, sind schraffiert, die Unterschiede sind nochmals über der Abszissenachse (gestrichelt) aufgetragen, womit der Verlauf der rel. Verschiebungen in die Augen springt. Wird die niedrigste Ordinate für jede Stabhälfte mit Δa_2 bezeichnet, so ergibt sich Übereinstimmung mit Abb. 16 unten.

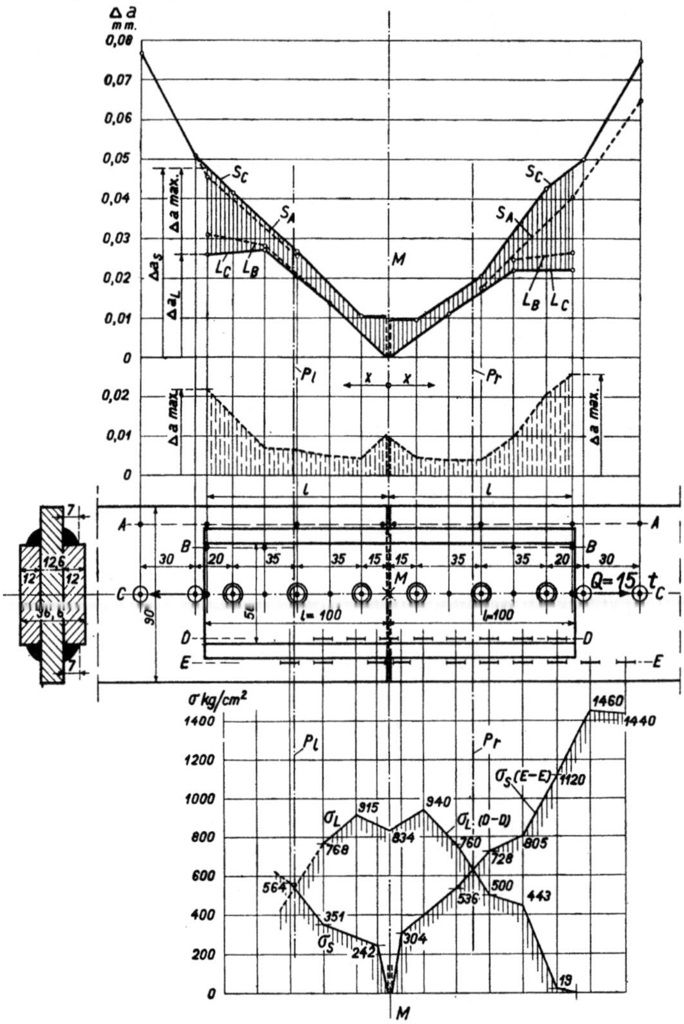

Abb. 19. Oben: Feststellung der gesamten rel. Verschiebungen bzw. der Schubspannungen der Flankennähte beim Stab mit Fuge. Gesamte rel. Verschiebungen. Δa, herausgezeichnet (gestrichelt schraffiert). Mitte: Probestab. Unten: Spannungen von Stab und Lasche.

Fall B 2. Messungen am vollen Stab, Flankennähte. Hinsichtlich des vollen Stabes sind die Meßergebnisse in Abb. 20 veranschaulicht, die Dehnungen oben, die Unterschiede der Dehnungen, d. h. die rel. Verschiebungen in der Mitte gestrichelt. In der Mittelebene bei M wird $\Delta a = 0$ aus Symmetrierücksichten. Diese Figur und das Schema Abb. 18 unten sind übereinstimmend. Die Längsspannungen im mittleren Querschnitt sind rechts aufgezeichnet, diese Figur erlaubt, den Anteil der Laschen an der Kraftübertragung einzuschätzen und damit die Laschenspannung σ_L [für Gl. (11)].

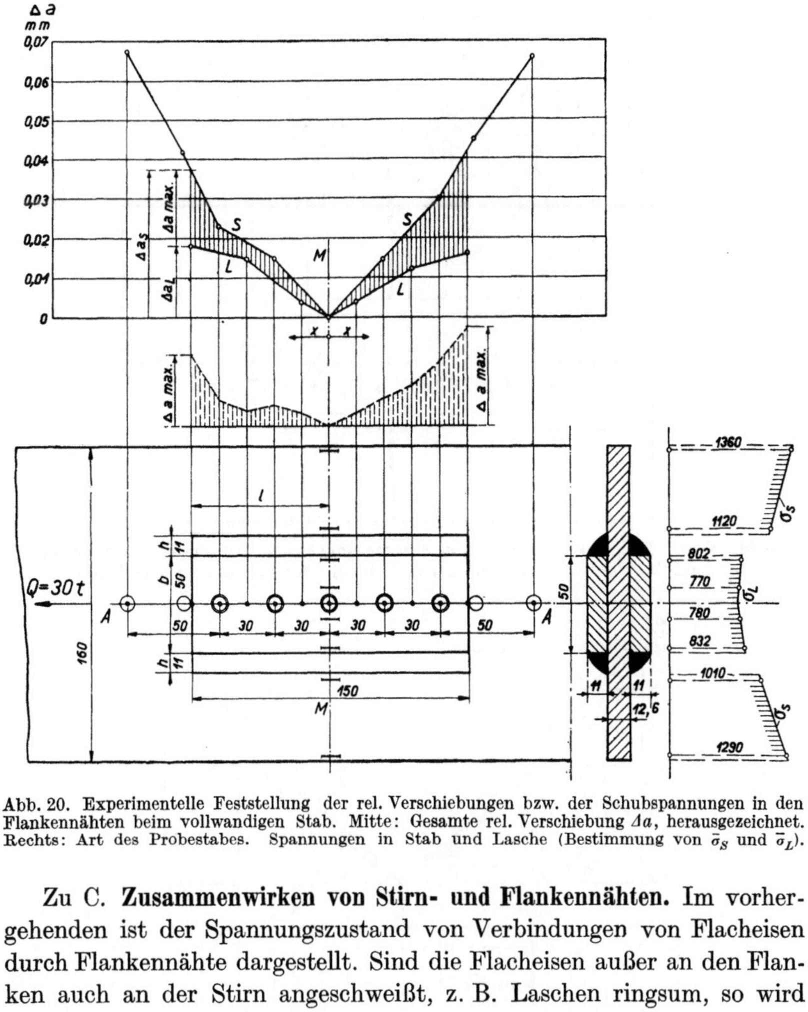

Abb. 20. Experimentelle Feststellung der rel. Verschiebungen bzw. der Schubspannungen in den Flankennähten beim vollwandigen Stab. Mitte: Gesamte rel. Verschiebung Δa, herausgezeichnet. Rechts: Art des Probestabes. Spannungen in Stab und Lasche (Bestimmung von $\bar{\sigma}_S$ und $\bar{\sigma}_L$).

Zu C. **Zusammenwirken von Stirn- und Flankennähten.** Im vorhergehenden ist der Spannungszustand von Verbindungen von Flacheisen durch Flankennähte dargestellt. Sind die Flacheisen außer an den Flanken auch an der Stirn angeschweißt, z. B. Laschen ringsum, so wird der Spannungszustand sich ändern, die Stirnnähte werden die Flankennähte entlasten, am meisten am Endpunkt derselben. Dies zeigt sich denn auch in den Abb. 21 (Laschen über eine Trennfuge geschweißt) und 22 (Laschen über eine Naht geschweißt). Die Unterschiede der Dehnungen von Stab und Laschen ergeben wiederum der Größe nach die relativen Verschiebungen, die in Höhenrichtung in den schraffierten Flächen abgestochen werden können. Von der Abszissenachse aus abgetragen, ergeben sich die gestrichelten Umrisse. Beim Stab mit Fuge, Abb. 21, ist die rel. Verschiebung und damit die Bruchgefahr am größten bei der Fuge selbst. Sie ist = 0 in der Symmetrieebene des Stabes, Abb. 22, in Übereinstimmung mit Abb. 18 und 20.

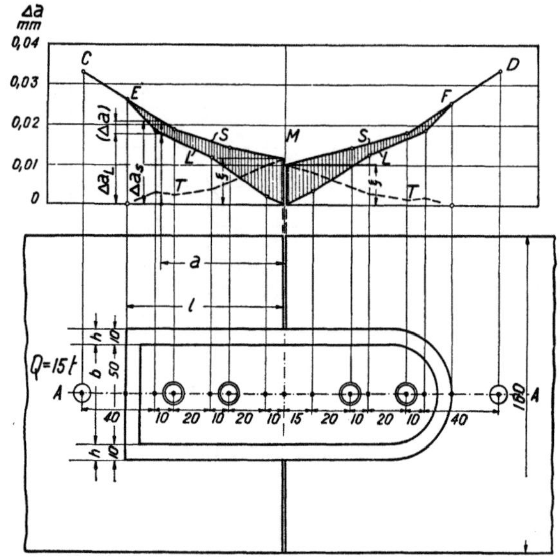

Abb. 21. Oben: Rel. Verschiebungen bzw. Schubspannungen in Flankennähten bei einem Stab mit Trennfuge, die Stirnnähte wirken mit. Unten: Beschaffenheit des Probestabes.

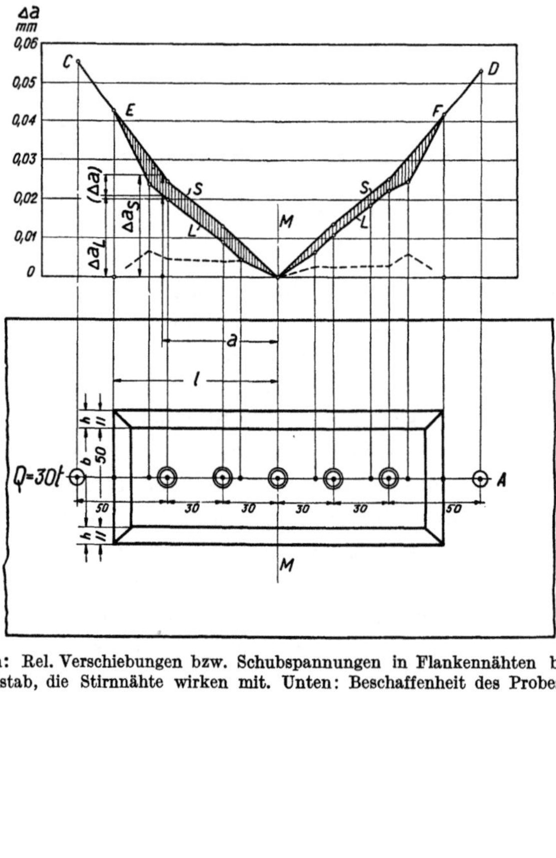

Abb. 22. Oben: Rel. Verschiebungen bzw. Schubspannungen in Flankennähten bei einem Vollwandstab, die Stirnnähte wirken mit. Unten: Beschaffenheit des Probestabes.

3. Die Werte der Schubspannungen der Flankennähte.

Die Annahme kann getroffen werden

$$\tau = c\Delta a\,, \tag{8}$$

worin τ die in der Flankennaht auftretende Schubspannung und Δa die Verschiebungsgröße entsprechend der Höhe der gestrichelt schraffierten Streifen, Abb. 19 und 20 bzw. Abb. 21 und 22. Die Endordinaten sind Höchstwerte bei Abb. 19 und 20. Wir wollen die Höchst- und Mittelwerte von Schubspannung und Verschiebung in Vergleich stellen gemäß

$$\Delta a_{\max} : \tau_{\max} = \overline{\Delta a} : \bar{\tau}\,,$$

$$\tau_{\max} = \frac{\bar{\tau}\,\Delta a_{\max}}{\overline{\Delta a}}\,. \tag{9}$$

$\Delta a_{\max}$ ist der Mittelwert der Endordinaten für die linke und rechte Stabhälfte, Abb. 19 und 20, $\overline{\Delta a}$ die mittlere Höhe der Flächenstreifen. $\bar{\tau}$ kann für einen Stab der Beschaffenheit gemäß Abb. 16 berechnet werden

$$\bar{\tau} = \frac{Q}{F_N} = \frac{Q}{4lh}\,, \tag{10}$$

für den Stab Abb. 18 durch

$$\bar{\tau} = \frac{F_L\,\bar{\sigma}_L}{F_N} = \frac{F_L\,\bar{\sigma}_L}{4lh}\,, \tag{11}$$

worin F_N die Haftfläche der Nähte, F_L der Querschnitt beider Laschen, h die Nahthöhe und l die Nahtlänge im Sinne von Abb. 16 bis 22. Die Zahl 4 im Nenner besagt, daß die Last Q von vier Nähten von der Länge l übernommen wird.

Die Messungen ergaben, daß bei einer Verbindung gemäß Abb. 16 (mit Trennfuge) $\tau_{\max} : \bar{\tau} = 2{,}4$- bis 2,7fach, gemäß Abb. 18 (vollwandig) $\tau_{\max} : \tau = 2{,}5$- bis 3,2fach.

Vorliegende Rechnung und Gl. (10) und (11) beziehen sich auf Verbindungen mit Flankennähten allein. Wie schon angedeutet, wirken Stirnnähte, wenn diese ebenfalls Anwendung finden, entlastend auf die Flankennähte. Das Verhältnis $\tau_{\max} : \bar{\tau}$ für Verbindungen gemäß Abb. 21 und 22 erreicht Werte 1,7 bis 3,3. Das Ergebnis der Untersuchung ist: Die Schubspannung von Flankennähten ist veränderlich, die Höchstwerte $\tau_{\max}$ sind ein Vielfaches der Mittelwerte $\bar{\tau}$. Am Zeichnungstisch wird in der Regel nur mit $\bar{\tau}$ gerechnet, und zwar gemäß G. (10).

Übernehmen die Stirnnähte den größten Teil der Kraftübertragung, so sollten sie folgerichtig entsprechend starken Querschnitt haben. Gegen diesen Schluß tritt ein neues Moment in den Kreis der Betrachtung, dasjenige der örtlichen Beanspruchung der Blechunterlage, eine Überbeanspruchung derselben ist schädlich, das lehrt nicht nur die Erfahrung im Gebiet der statischen Beanspruchung, das beweisen insbesondere die Dauerfestigkeitsversuche (Kap. 11/2). Ohne diesen bei Kesseln und Behältern ausschließliche Bedeutung beizumessen, ist es doch nötig, die Lehre zu ziehen, für einen möglichst allmählichen Übergang der Kraftlinien besorgt zu sein. Laschen sind daher zuzuschärfen, wie in Abbildung 23 gezeigt, den Stirnnähten ist möglichst geringer Querschnitt zu erteilen.

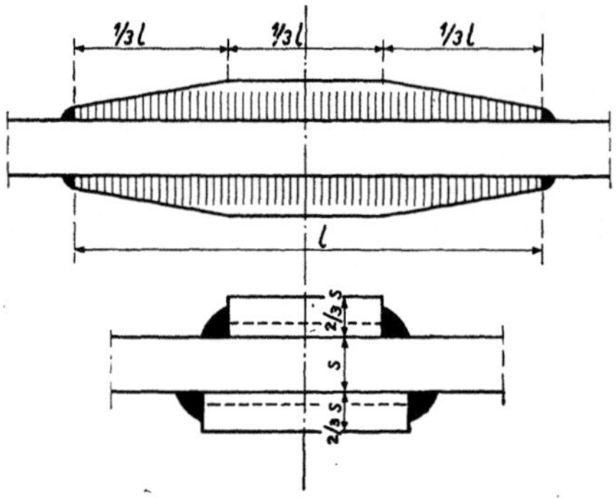

Abb. 23. Laschen mit ausgespitzten Enden.

Nach diesem Grundsatz ist nicht nur im Kesselbau, sondern auch im Eisenbau zu verfahren, wenn Flacheisen an ebene Unterlagen durch Kehlnähte zu befestigen sind.

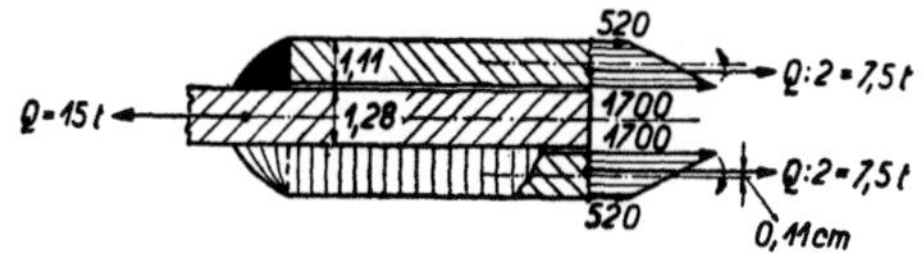

Abb. 24. Verteilung der Spannungen in Laschen, die eine Trennfuge überbrücken.

Sind zwei Flacheisen durch Stirn- und Flankennähte an eine Blechunterlage geschweißt, so entstehen in der Nähe der Fuge erhebliche Biegungsspannungen in den Flacheisen selbst, wie in Abb. 24 gezeigt. Diese verschiedenen Ergebnisse statischer Versuche stehen, was die Bruchgefahr betrifft, im Einklang mit neueren Dauerfestigkeitsprüfungen.

4. Die Festigkeit der Stirn- und Flankennähte.

Aus einer größeren Anzahl von statischen Versuchen des Verfassers mit Probestäben[1] bestehend aus je zwei Stabhälften, bei denen Laschen von verschiedener Länge und verschiedener Dicke die Fugen überbrücken, ergab sich folgende Festigkeit für die Stirn- bzw. Flankennähte. Die Beanspruchung ist in beiden Fällen eine zusammengesetzte. Bei diesem Sachverhalt könnte man abkürzungsweise bei den Stirnnähten von „Abreißfestigkeit" sprechen. Bei den Flankennähten sind Schubspannungen vorwiegend.

Zahlentafel VI. Abreißfestigkeit K_α (kg/mm²) der Stirnnähte. Stäbe mit Fugen.

Nahthöhe h (mm)	K_α (kg/mm²)
6	27 bis 33
9	22 „ 31
12	20 „ 25
15 (unterer Wert extrapoliert)	14 „ 26

[1] Festigkeit elektrisch geschweißter Hohlkörper. Berlin: Julius Springer.

Diese Festigkeitswerte wurden ermittelt gemäß

$$K_\alpha = Q : 2F_N = Q : 2hb\,, \tag{12}$$

worin Q die Kraft, F_N der Inhalt der Haftfläche einer Stirnnaht. Wegen zwei Nähten bei Doppellaschen erhält der Nenner den Faktor 2. h ist die Höhe der Naht, d. h. die Länge des Anlageschenkels des ausgeschweißten Winkels, Abb. 15. Bei den Nähten war die Schräge des Profils leicht überhöht. (An Stelle der Bezugsgröße h = Nahthöhe wird heute vielfach mit der Nahtdicke a gerechnet, eine internationale Regelung ist bis heute nicht erzielt. Anderseits wird an der Nahthöhe h als Bezugsgröße festgehalten, infolge der Erleichterung beim Abmessen und Anzeichnen der Nähte, die Brüche erfolgen auch nicht in Richtung von a, sondern beliebig. Geometrisch bestehen zwischen a und h gemäß Abb. 15 die Beziehungen $a = 0{,}7h$, $h = 1{,}4a$.)

Zahlentafel VII. Schubfestigkeit K_τ der Flankennähte. Stäbe mit Fugen.

Nahthöhe h mm	Nahtlänge l = halbe Laschenlänge		
	l = 20 mm	l = 30 mm	l = 40 mm
6	20,4 bis 28,6	21,2 bis 28,3	>19,2 bis >22,3
9	16,0 „ 22,9	17,8 „ 22,2	>16,7 „ >21,8
12	15,2 „ 22,4	13,4 „ 20,9	16,4 „ 19,2
15	12,0 „ 19,5	12,0 „ 17,4	12,0 „ 17,2

Die Zeichen $>$ bedeuten, daß die Laschen vor den Nähten gebrochen sind. Die Werte sind ermittelt gemäß

$$K_\tau = Q : 4F_N = Q : 4hl\,, \tag{13}$$

worin F_N die Haftfläche einer Flankennaht mit der Länge l und der Höhe h bedeutet. Für ein Laschenpaar von der Länge $2l$ fallen vier Flankennähte, jede von der Länge l, in Betracht, l im Sinne von Abb. 16 bis 22.

Zahlentafeln VI und VII sagen aus, daß K_α und K_τ mit zunehmender Nahthöhe h bzw. Nahtdicke a zurückgehen. Dies wird durch spätere Versuche bestätigt. Diese Feststellungen stehen im Einklang mit den Ausführungen von Abschnitt 1 dieses Kapitels. An diesem Sachverhalt darf man nicht vorbeigehen. Im übrigen ist die Festigkeit einer Kehlnaht von derjenigen des Schweißgutes abhängig, für die Schweißungen gemäß Zahlentafeln VI und VII wurden gute bewickelte Schweißdrähte verwendet. Mit den neuesten Schweißdrähten wird noch höhere Festigkeit erzielt.

Tragen wir alle diese durch eigene Versuche oder durch das Schrifttum bekanntgewordenen Werte für K_α und K_τ als Ordinaten über Werten der Nahthöhe h oder Dicke a als Abszissen auf, Abb. 25, so ergibt sich für K_α ein Hyperbelbogen (mit versetzten Achsen) von der Form

$$K_\alpha = 100\,\frac{15h+40}{h+1}\ (\text{kg/cm}^2,\ h \text{ in cm}), \tag{14}$$

oder

$$K_\alpha = \frac{15h+400}{h+10}\ (\text{kg/mm}^2,\ h \text{ in mm}).$$

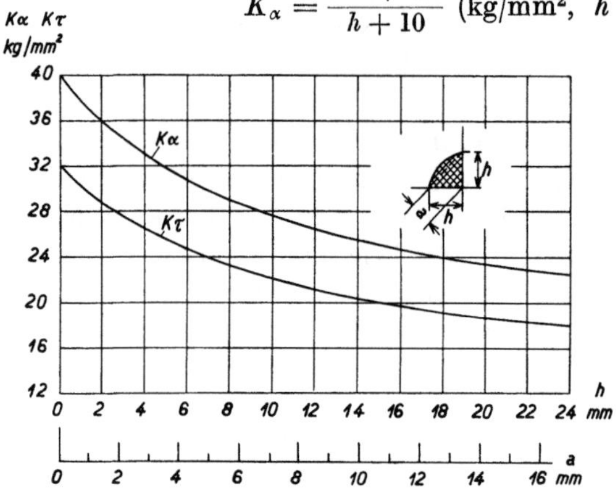

Abb. 25. K_α Abreißfestigkeit der Stirnnähte, K_τ Schubfestigkeit der Flankennähte in Abhängigkeit von der Nahthöhe h oder Nahtdicke a.

Der Bogen für K_τ folgt, den Ergebnissen entsprechend, aus

$$K_\tau \approx 0{,}8\,K_\alpha. \tag{15}$$

Für $h = 0$ verschwindet das Biegungsmoment ($R \cdot r$ von Abb. 15/9), man hat es in diesem Grenzfall mit reinem Zug zu tun, erfahrungsgemäß entspricht demselben eine Festigkeit von $K_\alpha \approx 40$ kg/mm² (Kap. 4), Gebrauch guter bewickelter Schweißdrähte vorausgesetzt.

Um den Bruch einer Kehlnaht zu verhüten, ist bei der Berechnung ein entsprechender Sicherheitsgrad zu berücksichtigen. Folgende Fälle kommen vor, Abb. 26.

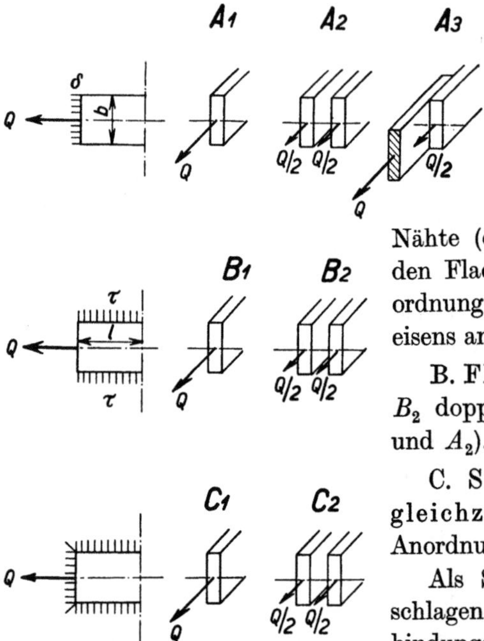

Abb. 26. Verschiedene Anordnung aufgeschweißter Flacheisen.

A. Stirnnähte. A_1 einseitige Naht (die Unterlage hat man sich als unter dem Flacheisen liegend zu denken). A_2 beidseitig einander paarweis gegenüberliegende Nähte (die Unterlage liegt zwischen den Flacheisen). A_3 überlappte Anordnung (Q im Schnitt eines Flacheisens angreifend, $Q/2$ in jeder Naht).

B. Flankennähte. B_1 einseitige, B_2 doppelseitige Nähte (ähnlich A_1 und A_2).

C. Stirn- und Flankennähte gleichzeitig. C_1 und C_2, nämliche Anordnung.

Als Sicherheitsgrad sei 5 vorgeschlagen für die symmetrischen Verbindungen $A_2 B_2 C_2$ und 6 für die unsymmetrischen $A_1 A_3 B_1 C_1$. Dabei sind die Beanspruchungen der Flankennähte der Länge nach konstant ($=\bar{\tau}$) angenommen, trotz der Feststellung wesentlicher Abweichung der Werte τ_{max} von $\bar{\tau}$ (S. 43). Diese Voraussetzung konstanten Spannungsverlaufs ist ein Zugeständnis an die Einfachheit der Rechnung. Zur Berücksichtigung der Höchstwerte werden, wie oben angedeutet, genügend hohe Sicherheitsgrade eingesetzt.

Die zulässigen Spannungen werden

Stirnnähte (h, a in mm)

$$A_1 \quad A_3 \qquad \left.\begin{matrix}\alpha_1\\ \alpha_3\end{matrix}\right\} = \frac{15h+400}{6h+60} = \frac{21a+400}{8{,}5a+60}\ \text{kg/mm}^2, \quad \text{Si. 6fach;} \tag{16}$$

$$A_2 \qquad \alpha_2 = \frac{15h+400}{5h+50} = \frac{21a+400}{7a+50}\ \text{kg/mm}^2, \quad \text{Si. 5fach;} \tag{17}$$

Flankennähte

$$B_1 \qquad \tau_1 = \frac{15h+400}{7{,}5h+75} = \frac{21a+400}{10{,}6a+75}\ \text{kg/mm}^2, \quad \text{Si. 6fach;} \tag{18}$$

$$B_2 \qquad \tau_2 = \frac{15h+400}{6{,}3h+63} = \frac{21a+400}{9a+63}\ \text{kg/mm}^2, \quad \text{Si. 5fach.} \tag{19}$$

Die Werte für α und τ können für die gebräuchlichen Nahthöhen sofort ausgerechnet und zusammengestellt werden, man vergleiche Zahlentafel IX.

Zahlentafel VIII. Berechnung der übertragbaren Kraft Q.
h Höhe, a Dicke einer Kehlnaht, b Länge einer Stirnnaht, l einer Flankennnaht (mm)
α und τ (kg/mm²) gemäß Gl. (16) bis (19).

Anordnung Abb. 26	Q (kg) übertragbar durch 1 oder 2 Stirnnähte Länge b	Gleichung	Anordnung Abb. 26	Q (kg) übertragbar durch 2 bzw. 4 Flankennähte Länge l	Gleichung
A_1 einseitig	$\alpha_1 hb$ oder $1{,}4\alpha_1 ab$	(20)	B_1 einseitig	$2\tau_1 hl$ oder $2{,}8\tau_1 al$	(23)
A_2 beidseitig	$2\alpha_2 hb$ oder $2{,}8\alpha_2 ab$	(21)	B_2 beidseitig	$4\tau_2 hl$ oder $5{,}6\tau_2 al$	(24)
A_3 überlappt	$2\alpha_3 hb$ oder $2{,}8\alpha_3 ab$	(22)			
	durch 1 Stirnnaht und 2 Flankennähte			durch 2 Stirnnähte und 4 Flankennähte	
C_1 einseitig ringsum	$\alpha_1 h(b+1{,}6l)$ oder $1{,}4\alpha_1 a(b+1{,}6l)$	(25)	C_2 beidseitig ringsum	$2\alpha_2 h(b+1{,}6l)$ oder $2{,}8\alpha_2 a(b+1{,}6l)$	(26)

Gang der Rechnung. Zur Aufnahme gegebener Lasten Q sind die Abmessungen der Nähte, die zur Übertragung dienen, zu berechnen. $Q = F\sigma_{zul}$, wobei die Haftfläche F für eine Stirnnaht $= hb$ $(= ab)$, für eine Flankennaht $= hl$ $(= al)$. Dieses Verhältnis ist den verschiedenen Anwendungsfällen entsprechend der Zahlentafel VIII zu entnehmen, Gl. (20) bis (22) für die Kraftübertragung der Flacheisen, die nur durch Stirnnähte, Gl. (23) und (24) nur durch Flankennähte angeschweißt sind, Gl. (25) und (26) für ringsherum geschweißte Nähte.

Die Gleichung für den Fall C_1, Abb. 26, wurde, weil eine Stirn- und zwei Flankennähte zusammenwirken, erhalten wie folgt

$$\left.\begin{aligned} &Q = F_{\text{Stirn}} \cdot \alpha_1 + 2F_{\text{Flanke}} \cdot \tau_1 = \alpha_1 hb + 2\tau_1 hl \\ &\text{mit} \quad \tau = 0{,}8\alpha_1 \quad \text{wird} \quad Q = \alpha_1 h(b - 1{,}6l)\,. \end{aligned}\right\} \tag{25}$$

Die zulässigen Spannungen α und τ werden gemäß Gl. (16) bis (19) berechnet, dies erübrigt sich bei Benützung von Zahlentafel IX.

Zahlentafel IX. Zusammenstellung der Werte der Spannungen α und τ für veränderliche Werte h und a gemäß Gl. (16) bis (19).

h bzw. a	mm mm	4 2,8	6 4,2	8 5,6	10 7,0	12 8,4	15 10,5
$\left.\begin{matrix}\alpha_1\\ \alpha_3\end{matrix}\right\}$	kg/mm²	5,47	5,10	4,81	4,58	4,39	4,16
α_2	kg/mm²	6,56	6,12	5,78	5,50	5,26	5,00
τ_1	kg/mm²	4,38	4,08	3,85	3,66	3,52	3,33
τ_2	kg/mm²	5,20	4,86	4,57	4,36	4,19	3,97

Eine Kehlnahtverbindung, z. B. eine solche von Flacheisen, sei zu berechnen. Gegeben Q und der Querschnitt des Flacheisens, damit auch die Breite b. Gesucht die Abmessungen der Kehlnähte. Man wird an Hand der Abb. 26 feststellen, welcher Art die Verbindung sei. Beim ersten Rechnungsgang empfiehlt es sich, eine Annahme über die Nahthöhe h (Nahtdicke a) zu treffen und die zulässigen Spannungen α und τ der Zahlentafel IX zu entnehmen. Auf das Maßsystem ist zu achten (kg und mm).

Diese statische Berechnungsweise weicht etwas ab von der gebräuchlichen. Weil die jeder Nahthöhe zukommende Festigkeit berücksichtigt wird, berechnet sich jede Naht mit dem Mindestmaß an Werkstoff besser als mit andern Methoden. Darauf kommt es an, denn es ist dringend geboten, Überschüsse zu vermeiden, um die Schrumpfspannungen niedrig zu halten (Kap. 7). Man sollte nicht über Kehlnähte mit $h = 12$ mm ($a = 8$ bis 9 mm) hinausgehen.

Beim Zusammenwirken von Stirn- und Flankennähten kommt diesen, d. h. den Flankennähten, die größere Bedeutung bei.

Beispiele. 1. Ein Rohr mit 100 kg/cm² = 1 kg/mm² Innendruck enthält ein rundes Mannloch, der Verstärkungsrahmen ist außenliegend gemäß Abb. 62/*1*. D_i der innern Kehlnaht sei 420, D_a der äußern 580 mm. Annahme: Die Deckelkraft $Q = \frac{\pi D_i^2}{4} p$ werde zur Hälfte auf die innere, zur andern auf die äußere Naht des Rahmens übertragen. Gemäß Schema Abb. 26 liegt der Fall A_1 vor, anwendbar ist Gl. (20), Zahlentafel VIII.

Innere Naht. $\frac{Q}{2} = \frac{\pi D_i^2}{8} p = \alpha_1 h b = h b \frac{15h + 400}{6h + 60}$.

Diese Gleichung ist zweiten Grades mit der Unbekannten h. Durch Probieren unter Benutzung von Zahlentafel IX ist die Rechnung jedoch rasch bewältigt. Im Beispiel ist für die innere Naht Belastung $\frac{Q}{2} = 69270$ kg, Länge der Stirnnaht $b = 420\pi = 1319$ mm. $\frac{Q}{2b} = h\alpha_1 = 52{,}5$. Annahme $h = 12$ mm, die Zahlentafel IX ergibt $\alpha_1 = 4{,}39$, das Produkt $h\alpha_1 \gtreqless 12 \cdot 4{,}39 = 52{,}6$, womit die Nahthöhe richtig eingeschätzt ist.

Äußere Naht. $\frac{Q}{2} = 69270$ kg, $b = 580\pi = 1822$ mm, $\frac{Q}{2b} = 38{,}0 = h\alpha_1$, Annahme $h = 8$, $\alpha_1 = 4{,}81$, $h\alpha_1 = 38{,}5$.

2. Beispiel. Gasdruckbehälter, $D = 3500$ mm, $p = 8$ kg/cm² $= 0{,}08$ kg/mm², Böden überlappt eingeschweißt. Gemäß Abb. 26 liegt der Fall A_3 vor, Gl. (22).

$$Q = 2hb\alpha_3 = p\pi D^2/4 \text{ kg}, \qquad \text{Länge jeder Naht } b = D\pi \text{ mm},$$

$$\frac{Q}{2b} = \frac{\pi D^2}{4} p : 2D\pi = \frac{3500}{8} 0{,}08 = 35 = h\alpha_3.$$

Aus der Zusammenstellung IX folgt für Annahme $h = 8$ mm $\alpha_1 = \alpha_3 = 4{,}81$, $h\alpha_3 = 38{,}5$. Eine Naht von 8 mm, höchstens 10 mm genügt.

3. Beispiel. Zwei Flacheisen, je 80×15 mm, sind einander gegenüberliegend auf eine Zwischenlage (Knotenblech) geschweißt, Länge jeder Flanke 120 mm (4 Flankennähte), jede Stirn (2 Stirnnähte), wie oben angegeben, 80 mm, Last insgesamt 24 t. Fall C_2, Abb. 26, Gl. (26).

$$Q = 2h(b + 1{,}6l)\alpha_2, \qquad (80 + 1{,}6 \cdot 120) = 272,$$

$$\frac{Q}{2(b + 1{,}6l)} = h\alpha_2 = \frac{24000}{2 \cdot 272} = 44{,}1.$$

Aus der Zahlentafel IX mit der Annahme $h = 8$ folgt $\alpha_2 = 5{,}78$, daher $h\alpha_2 = 46{,}2$. Als mittlere Nahthöhe genügt 8 mm.

Sind h und l unbekannt, so muß eine dieser Größen, vorzugsweise h, angenommen werden, woraus sich l durch Rechnen oder Probieren ergibt.

5. Die Schwingungsfestigkeit der Kehlnähte.

Auf die Bestimmungen von DIN 4100 wurde schon hingewiesen. Roš und Eichinger (Zürich) schlagen vor, gestützt auf die Gesetze der Gestaltänderungsenergie, Kap. 3, Gl. (32)

σ_1 und σ_2 gleichzeitig Zug- oder Druckspannungen:

$$\sqrt{\left(\frac{\sigma_1}{\alpha_1}\right)^2 + 6\tau_2} \leqq \sigma_{0\,\mathrm{zul}}, \qquad \sqrt{\left(\frac{\sigma_2}{\alpha_2}\right)^2 + 6\tau^2} \leqq \sigma_{0\,\mathrm{zul}}. \tag{27}$$

σ_1 und σ_2 haben ungleiche Vorzeichen:

$$\sqrt{\left(\frac{\sigma_1}{\alpha_1}\right)^2 + \left(\frac{\sigma_2}{\alpha_2}\right)^2 + \frac{1}{4}\,\frac{\sigma_1\,\sigma_2}{\alpha_1\,\alpha_2} + 6\tau^2} \leqq \sigma_{0\,\mathrm{zul}}\,. \tag{28}$$

σ_1 = Längsspannung der Naht } im Sinne früherer Bezeichnungen.
σ_2 = Normalspannung der Naht }
σ_0 = Ursprungsfestigkeit des Grundmaterials, genietet.
τ = Schubspannung der Naht.

Zug	$\alpha_1 = 0{,}85$	$\alpha_2 = 0{,}35$
Druck	$\alpha_1 = 1{,}00$	$\alpha_2 = 0{,}50$

6. Die Wirkung von Blasen und Kerben.

Zu den Bedingungen einer guten Schweißnaht gehört ein homogenes Gefüge bzw. das Fehlen von Blasen und Kerben.

1. Blasen.

Der Verfasser konnte feststellen, daß ein blasiges Gefüge bei der Kerbschlagprobe gelegentlich eine größere Kerbzähigkeit und einen größeren Biegewinkel ergibt als ein kompaktes[1]. Diese Feststellung bildet einen Grund dafür, die Kerbschlagprobe als Mittel zur Prüfung autogen und elektrisch geschweißter Nähte zurückzustellen. Dagegen werden Blasen, die in einem Zugprobestab vorkommen, stets die Ursache einer Verschwächung bilden. Erfahrungsgemäß brechen die Probestäbe gegossener Metalle bei den blasigen Stellen durch.

Ziehen wir den Vergleich — obwohl dieser nicht in allen Teilen zutrifft — zwischen einer Blase und dem kreisrunden Loch eines flachen Zugprobestabes, so können wir uns auf die Versuche von Preuß stützen[2]. Dieser Autor weist durch Messung nach, daß die Höchstspannung am Lochrand etwa 2,1- bis 2,3mal größer als derjenige Wert ist, den man in der Annahme gleichmäßiger Verteilung der Spannung über den Querschnitt erhält.

Die Prof. Kirsch und Föppl haben das Problem auf dem Wege der Rechnung gelöst. Für eine unendlich große Stabbreite ist die Spannung am Lochrand gleich dem dreifachen Betrag des Wertes, den man bei der Annahme gleichmäßiger Spannungsverteilung über den ganzen Querschnitt erhält (vgl. Kap. 13). Auch die Kraftfelderforschung hat die Frage abgeklärt[3].

Alle diese Ausführungen deuten darauf hin, daß Blasen eine Naht verschwächen. Die Schwächung ist größer, als durch den Ausfall an

[1] Versuche mit autogen geschweißten Kesselblechen. Zürich.
[2] Z. VDI 1912 S. 1780.
[3] Wyss, Th.: Die Kraftfelder in festen elatischen Körpern. Berlin: Julius Springer.

Material bzw. an Querschnitt bedingt. Mit der Größe der Blasen wächst die Bruchgefahr, insbesondere wenn die von den Blasen gebildeten Flächen nicht kugelig sind, sondern scharfe Ecken und Kanten aufweisen.

2. Äußere Kerben.

Es gibt Kerben im Innern einer Naht — sie werden manchmal auch als Schlitze bezeichnet — und solche an der Außenseite. Diese letztgenannten entstehen sehr häufig wurzelseitig, wenn eine Fuge von der offenen Seite her geschweißt wird. Bei engen Behältern, Röhren usw. ist das Schweißen im Innern überhaupt nicht möglich. Der Verfasser hat die Wirkung von Kerben untersucht[1]. Es ist auf das Fehlen von Kerben zurückzuführen, wenn wurzelseitig ausgestemmte und nachgeschweißte Nähte eine höhere Festigkeit ergeben als wurzelseitig nicht nachgeschweißte. Ein Probestab, dessen Naht bloß zu zwei Drittel durchgeschweißt, die betr. Kerbe also ein Drittel tief war, ergab bloß eine Festigkeit von 20 kg/mm² statt der doppelten bei voller Naht.

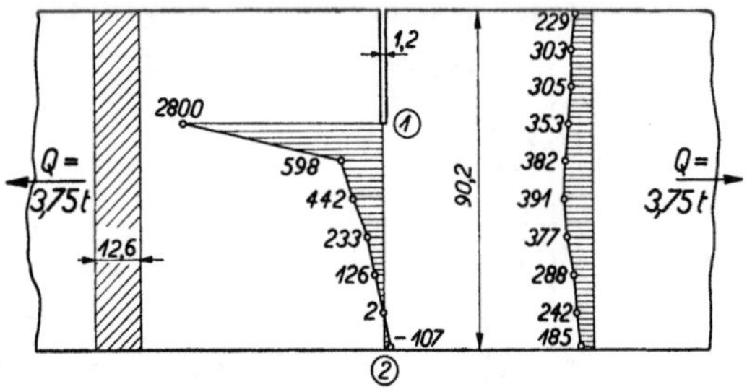

Abb. 27. Spannungen σ (kg/cm²) des mit einer Kerbe = 1/3 Stabbreite behafteten Probestabes.

Zur genauern Prüfung werden die Spannungen eines Stabes, Abb. 27, durch Messungen festgestellt. Der Festigkeitslehre entsprechend sind folgende Spannungen zu erwarten mit F als Restquerschnitt auf der Strecke *1—2*, Last gemäß Abb. 27.

$$\sigma'_{\max} = \frac{Q}{F'} + \frac{M}{W} = 494 + 740 = 1234 \text{ kg/cm}^2,$$

$$\sigma'_{\min} = \frac{Q}{F'} - \frac{M}{W} = 494 - 740 = -246 \text{ kg/cm}^2.$$

Die Ausmessung ergab $\sigma_{\max} = 2800$ kg/cm², $\sigma_{\min} = -107$. Der Unterschied der gemessenen und gerechneten Spannungen $\sigma - \sigma'$ ist der besondern Wirkung der Kerbe zuzuschreiben. Durch diesen Unterschied kann der Begriff der Kerbwirkung definiert werden. Die Kerbwirkung erzeugt in diesem Beispiel die Unterschiede

gezogene Seite $\sigma_{\max} - \sigma'_{\max} = 2800 - 1284 = 1516$ kg/cm² mehr als 100% von $\sigma'_{\max}$,

gedrückte Seite $\sigma_{\min} - \sigma'_{\min} = -107 + 246 = 139$ kg/cm².

Die Annahme, daß die Normalspannungen σ, die im Querschnitt eines gebogenen Stabes übertragen werden, ihrem Abstand von der

[1] Festigkeit elektrisch geschweißter Hohlkörper. Berlin: Julius Springer.

neutralen Achse verhältnisgleich zu setzen sind, ist von Bernoulli und Navier in die Festigkeitslehre eingeführt worden. Die oben angestellte Überlegung weist darauf hin, daß diese Annahme beim Vorhandensein einer Kerbe dahinfällt. Abb. 27 zeigt auch, daß die Spannung, die von $-107\ \mathrm{kg/cm^2}$ bis $+2800\ \mathrm{kg/cm^2}$ ansteigt, durch einen Bogen, nicht durch eine gerade Linie begrenzt wird. Im letzten Teil ist der Verlauf asymptotisch. Der Zustand parallelen Kraftflusses, auf den die Bernoulli-Naviersche Annahme sich stützt, wird durch die Wirkung von Kerben gestört,

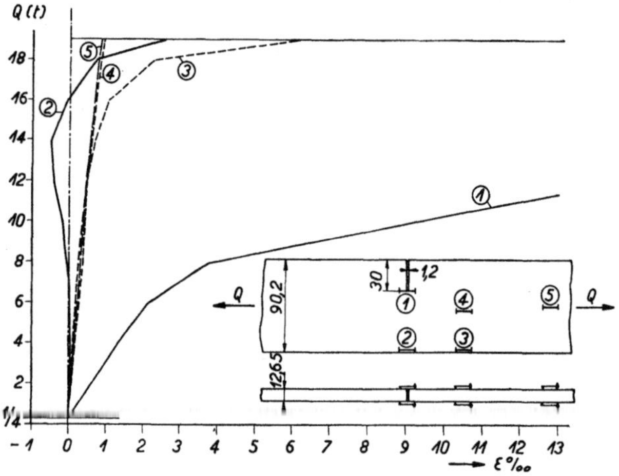

Abb. 28. Belastungsdiagramm des eingekerbten Stabes.

die Trajektorien werden ausgelenkt, sie verdichten sich in der Nähe der Kerbe.

Abb. 28 zeigt das Verhalten verschiedener Stellen des Stabes bei zunehmender Belastung. Die Dehnung ε in ‰ ist in Richtung der Abszisse angegeben. Der Linienzug *1* entspricht der Stelle unmittelbar bei der Kerbe. Schon bei geringen Belastungen, man kann sagen von allem Anbeginn an, entstehen bleibende Verformungen. Diese Feststellung muß vorerst beunruhigen. Die Stelle *2* des Stabes wird zusammengedrückt, bei 14 t Belastung bleibend, von da an wieder gezogen (die Meßlängen am Dehnungsmesser sind 2 cm, für die Stellen *1* und *2* jedoch 1 cm).

3. Innere Kerben (Schlitze).

Weist eine Naht im Innern eine Kerbe auf, so entsteht bei Zugbeanspruchung ein Spannungszustand, der durch Abb. 29 gekennzeichnet ist. An den Endpunkten des Schlitzes steigen die Spannungen asymptotisch an. In der Theorie der Kraftfelder sind die Endpunkte von Kerben und Schlitzen singuläre Punkte, diese sind durch gleich große Hauptspannungen ausgezeichnet. Es sind Unendlichkeitspunkte,

d. h. die Spannungen sind an den Schlitzenden unendlich groß (die Zahlenangaben an den Enden der Schlitze der Stäbe gemäß Abb. 27 und 29 sind zu niedrig, weil die Möglichkeit einer genauern Messung fehlt). In diesem Falle ist zu erwarten, daß ein Stab schon bei geringer statischer Belastung bricht. Daß dies nicht immer der Fall ist, erklärt man sich so, daß bei der sofortigen Verformung, die bei dehnbarem Metall entsteht, der scharfe Winkel im Kerbengrund sich ausweitet. Außerdem findet infolge der Verstreckung eine Verfestigung des Materials statt. Von erheblicher Bedeutung ist die Reserve, die im umliegenden Material liegt. Erst nach ihrer Erschöpfung bricht der Stab. Die Hypothese der unendlich großen Spannung am Kerbenrand findet sich durch das Verhalten des Stabes mit zunehmender Belastung, d. h. bei seiner Ver-

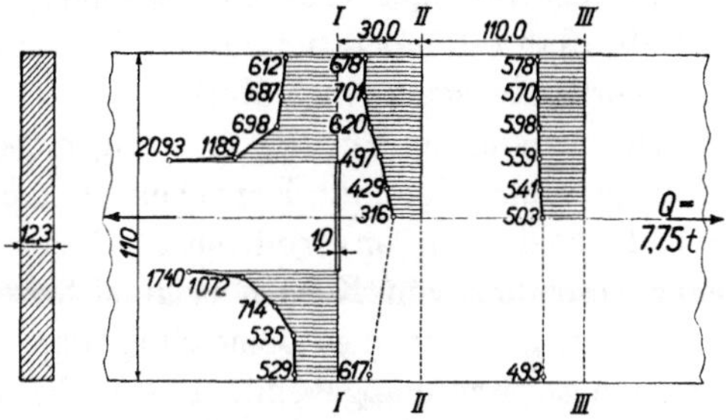

Abb. 29. Spannungsverlauf eines Stabes mit Querschlitz bei Zugbeanspruchung.

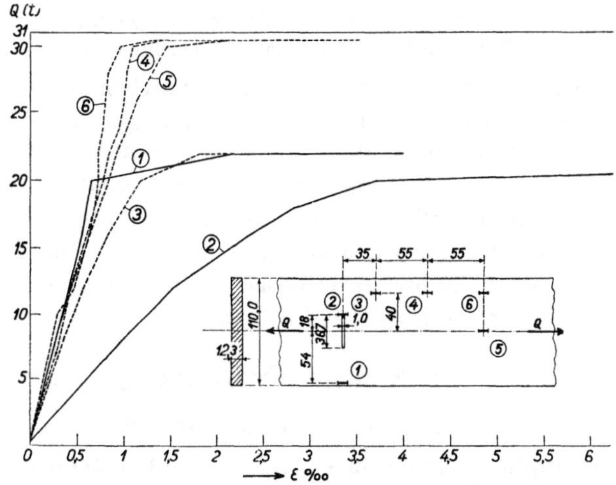

Abb. 30. Belastungs-Dehnungs-Diagramm des Stabes (Abb. 29) mit Querschlitz.

streckung praktisch bestätigt. Die Stelle (*2*) am Schlitzrand, Abb. 30, fließt schon von allem Anbeginn an, die Stelle (*1*) später, zuletzt fließen die entfernten Stellen (*4*, *5*, *6*). Je größer der Werkstoffüberschuß (die Reserve), desto später wird die Fließgrenze überschritten.

Bei Nähten, die durch Spannungen beansprucht werden, ist zu unterscheiden, ob die auftretenden Temperaturen gewöhnliche oder höhere sind. Verstrecktes Material — und solches haben wir im Kerbengrund — ändert die Struktur, es altert. Das Gefahrenmoment, das mit

Kerben verbunden ist, ist bei zunehmender Temperatur gesteigert, was man sich hinsichtlich der Dampfkessel und Dampfgefäße vor Augen halten muß. Dem Verfasser ist übrigens ein Fall bekannt, wo die Temperatur einer Naht bloß zwischen $-10°$ und $+50°$ C schwanken konnte (Jahrestemperatur). Nach 18 Jahren brach diese Naht wegen des Vorhandenseins einer Kerbe.

Die vorangehenden Betrachtungen beziehen sich auf statische Beanspruchung, die im Kesselbetrieb die Regel bilden dürften. Die Schädlichkeit von unvermittelten Querschnittsübergängen und daher ganz besonders von Kerben zeigt sich vermehrt bei Wechselbeanspruchung. Für die Bemessung der Konstruktionsglieder ist die Spannungsspitze maßgebend. Das Verhältnis dieser Spitze zu der nach der elementaren Festigkeitslehre erhaltenen wird ausgedrückt durch die Formziffer (α_K). Gemäß Arbeitsblatt 5 (VDI) ist

$$\alpha_K = \frac{\sigma_{i\,max}}{\sigma_n} = \frac{\text{Höchstspannung bei ideal elastischem Verhalten}}{\text{Nennspannung}}.$$

1. Die Formziffer wächst mit wachsender Tiefe der Kerbe. 2. Sie wächst mit abnehmendem Radius der Ausrundung im Kerbengrund[1].

Der Kerbwirkungsgrad ist ausgedrückt durch

$$\beta_K = \frac{\text{Dauerfestigkeit bei idealer Formgebung}}{\text{Dauerhaltbarkeit bei der untersuchten Form}}.$$

Kerben sind nicht nur aus spannungstechnischen Gründen zu vermeiden, sondern auch wegen der Gefahr der Laugensprödigkeit der Werkstoffe, die Wirkung ist ähnlich wie bei den Blechfugen genieteter Kessel. Schwerste Schäden an Nietnähten sind entstanden, die man sich heute so erklärt, daß alkalisches Kesselwasser in Fugen, die nicht dicht waren, eingedrungen ist, wobei die Lauge durch Ausdampfen von Wasser eine höhere Dichte erreicht hat. Eingedickte Lauge fördert die Brüchigkeit gewöhnlicher Kohlenstoffstähle.

7. Die Schrumpfwirkungen.

1. Allgemeine Erwägungen.

Die Schrumpfung beruht in erster Linie auf metallurgischen Vorgängen. Das niedergeschmolzene Eisen durchäuft bei der Abkühlung die Umwandlungspunkte (A_3 oberer und A_1 unterer). Die Umwandlungstemperaturen sind von der Abkühlungsgeschwindigkeit abhängig, um so mehr, je höher der Gehalt an C, Mn bzw. bei legierten Stählen an Ni und Cr ist. Mit zunehmender Abkühlungsgeschwindigkeit werden die Umwandlungspunkte immer stärker nach den niedrigen Temperaturen hin verschoben, so daß sich die Umwandlung nicht ganz, bloß teilweise vollziehen kann. Bei der Abschreckung, d. h.

[1] Thum: Schweiz. Bauztg. 20. Juli 1935.

größten Abkühlungsgeschwindigkeit, findet die Umwandlung Austenit (feste Lösung) in Martensit, bei langsamer in Perlit statt. Die erstgenannte Umwandlung hat zweierlei Nachteile, 1. die große Anomalie der Volumenschrumpfung, 2. die Bildung des harten und spröden Martensits. Der letztere hat außerdem in kaltem Zustande ein anderes spezifisches Volumen als Perlit, und zwar ein um rd. 1% größeres, was bei dessen örtlichem Auftreten die innern Spannungen übermäßig erhöht. Man beachte hierzu Abb. 31.

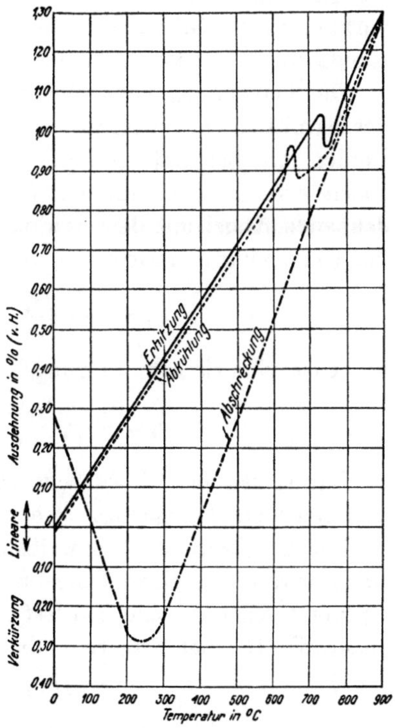

Abb. 31. Einfluß der Abkühlungsgeschwindigkeit auf die Längenänderung (nach Maurer). Kohlenstoffstahl 0,85% C[1].

Das Erkalten und Schrumpfen verursacht infolge verschiedener örtlicher Erwärmung innere Spannungen. Diese werden aber durch die Verschiebung der Umwandlungspunkte noch wesentlich erhöht. Soll dies vermieden werden, so muß das Werkstück, namentlich beim elektrischen Verfahren, in der Umgebung der Naht, während des ganzen Schweißvorganges auf einer Temperatur über 300 °C gehalten werden, mit darauffolgender langsamer Abkühlung. Auf diese Weise muß es möglich sein, jeden Stahl zu schweißen, da kein anderer Grund besteht, welcher ein rißfreies Schweißen hochgekohlter oder legierter Stähle nicht ermöglichen sollte[1].

Die Schrumpfung von glühendem Eisen bei der Abkühlung kann weiterhin durch das Verhalten einer Eisenplatte, von der eine Zone auf Glühhitze gebracht wurde, verfolgt werden. Die Umgebung wirkt als starrer Rahmen, in der Glühzone wird der Werkstoff bei der Erwärmung gestaucht. Geht bei der Abkühlung der plastische Zustand über in den festen, so entstehen in der ebenen Platte Zugspannungen, mitunter solche von ganz erheblicher Größe, wie vom Verfasser nachgewiesen[2]. In Abb. 32 ist die Glühzone durch Schraffieren gekennzeichnet, die Haupt-

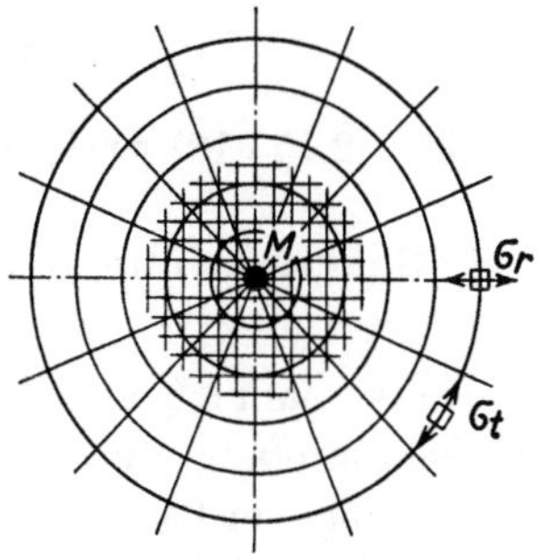

Abb. 32. Kraftfeld in einer ebenen Platte, örtlich geglüht.

[1] Roš u. Eichinger: Festigkeit geschweißter Verbindungen. Zürich 1935.
[2] Wärme 1931 S. 885.

spannungen des Kraftfeldes σ_r und σ_t, radial und tangential gerichtet, sind beide Zugspannungen. In weiter abstehenden Teilen müssen aus Gleichgewichtsgründen Druckspannungen entstehen. Die Schrumpfwirkung in der Glühzone bei der Abkühlung ist also zusammenziehend (saugend), wie später noch bestätigt wird.

Die Berechnung von Schrumpfspannungen geschieht nach der Art der Ermittelung von Kraftfeldern innerer Spannungen. Die Methoden werden als bekannt vorausgesetzt (Herausschneiden der Störungszonen und Ersetzen durch äußere Kräfte). Ist eine allseitig sich ausdehnende Kugel mit dem Radius r_i der Störungsherd und übt sie auf die Umgebung den Druck p_i aus, so ist[1]

$$\sigma_r = -p_i\left(\frac{r_i}{r}\right)^3, \qquad \sigma_t = \frac{p_i}{2}\left(\frac{r_i}{r}\right)^3, \tag{1}$$

bei kreiszylindrischem Störungsherd

$$\sigma_r = -p_i\left(\frac{r_i}{r}\right)^2, \qquad \sigma_t = p_i\left(\frac{r_i}{r}\right)^2. \tag{2}$$

Daraus ist das Wesentliche zu ersehen, daß die Spannungen mit zunehmendem Halbmesser r sehr rasch abklingen.

Für die Größe der Schweißspannungen ist es maßgebend, ob die Naht und die nächste Umgebung sich frei dehnen können oder ob sie hierin gehemmt sind. Im festen Zustand des Metalls ist die Längenänderung Δl einer Strecke l, die durch Wärme beeinflußt wird,

$$\Delta l = \alpha l (t - t_0), \tag{3}$$

worin α die lineare Ausdehnungszahl $\frac{1}{l}\frac{dl}{dt}$, für Eisen $12 \cdot 10^{-6}$ für (0 bis 100°) usw. bis $106 \cdot 10^{-6}$ für (0 bis 700°).

Werden die Enden eines zu erwärmenden Stabes so fest eingespannt, daß dieser sich nicht dehnt, so entstehen Wärmespannungen

$$\sigma = \frac{\Delta l}{l} E = -\alpha E (t - t_0). \tag{4}$$

Mit $E = 2{,}15 \cdot 10^6$ wird zwischen 0 und 100° C $\sigma = 26$ kg/cm² und °C.

2. Schrumpfung elektrisch geschweißter Stumpfnähte (V, U und X).

Trotz mannigfacher Bemühungen sind unsere Erkenntnisse über die Schrumpfung und die damit verbundenen Innenspannungen heute noch gering. Im Bau der Dampfkessel, Dampfgefäße und Druckbehälter werden Stumpfnähte häufiger verwendet als Kehlnähte. Die Schrumpfung wirkt bei einer Stumpfnaht insbesondere nach folgenden Richtungen: a) Die Blechenden nähern sich einander bei A der Abb. 33,

[1] Föppl: Drang und Zwang. II.

das Maß der Verschiebung sei durch $2\eta_1$ ausgedrückt. b) Die Blechenden stellen sich schief gegeneinander, sie werden verkrümmt,, weil die Schrumpfung $2\eta_2$ für BC größer ist als $2\eta_1$ bei A. c) In den Kanten AB und AC findet geringe Schrumpfung statt, eine Wirkung ist bis jetzt unbemerkbar geblieben. d) In der Längsrichtung der Naht, d. h. in Richtung des Vorrückens beim Schweißen findet erhebliche Schrumpfung statt, über die Wirkung ist man noch wenig aufgeklärt, Ausführungen hierzu folgen auf S. 62.

Die Ergebnisse von Versuchen zur Bestimmung der unter a) und b) genannten Schrumpfwirkungen sind in Zahlentafel X, S. 58, zusammengestellt. Die Qualität der verwendeten Bleche ist SM, Sorte II (Festig-

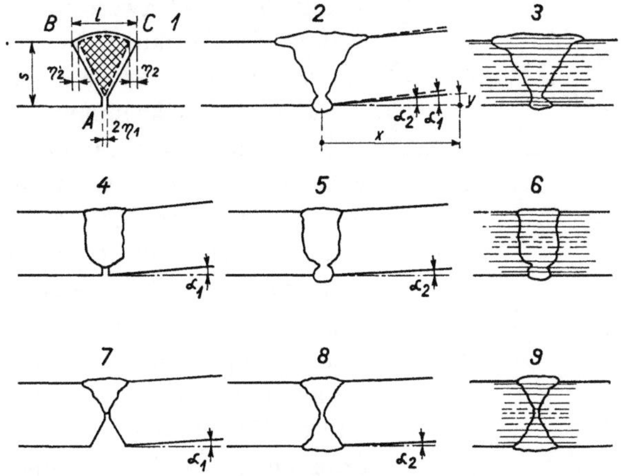

Abb. 33. Schrumpfwirkung und Verkrümmung bei den Stumpfnähten.

keit 41 bis 50 kg/mm², Dehnung 22 bis 26%), die verwendeten Schweißdrähte von 3,2 bis 7 mm waren bewickelt.

Unter „Lage frei" der Zahlentafel wird verstanden, daß die linke Stabhälfte leicht festgespannt ist, die rechte frei liegt, unter „Lage fest", daß beide Stabhälften durch starke Schraubzwingen festgespannt sind; bei Stab 2 wurden beide Hälften sogar an die Unterlage angeschweißt. Damit man sich über die Veränderung der Verkrümmung nach jeder Raupe Rechenschaft geben kann, ist im untern Teil der Zahlentafel der Verkrümmungswinkel α angegeben, er folgt gemäß Abb. 33 aus $y/x = \operatorname{tg}\alpha$, wobei $x = 100$ mm.

Die Ergebnisse sind lehrreich und jedem Leser zur Kenntnisnahme empfohlen.

Bei allen Stäben — bei sämtlichen war die Fuge bei A rd. 2 mm offen — ergab sich nach der ersten oder ersten und zweiten Raupe geschweißt im Grund der Fuge eine Schrumpfung $2\eta_1$ von der Größenordnung ~ 1 mm. In der Praxis kann man bei offenen Fugen offenbar stets mit einer ersten Schrumpfung $(2\eta_1)$ ohne Verkrümmung rechnen.

Zahlentafel X. Verkrümmung von Stäben mit V-, U- und X-Nähten. Stabdicke 26 mm.

	1	2	3	4	5	6	7	8	9
Profil	V	V	U	U	U	X	X	X	U
Öffnungsweite oben . mm	28	29	15	15	19	17	17	17	18
Schweißdrahtdicke . mm	3,2—5	3,2—7	3,2—4	3,2—6	3,2—7	3,2—6	3,2—6	3,2—6	3,2—7
Lagerung	frei	fest	frei	frei	frei	frei	frei	fest	fest
Zahl der Raupen	11	8	10	8	7	7	9	6	8
α_1 (max)	10° 30′	0	8° 0′	5° 10′	4° 50′	2° 50′	—1° 20	0° 35′	1° 10′
nach der Raupe	10	7	9	7	6	3	4	3	7
α_2^0 (bleibend, nach der letzten Raupe)	9° 30′	0	7° 40′	4° 30′	3° 40′	—1° 45	0	0	0° 50′
	eine Stabhälfte frei	beide Hälften auf die Unterlage festgeschweißt	zunehmende Elektrodendicke			Raupen erst obere Seite, dann untere	jede Raupe abwechselnd auf Seite oben und unten	Raupen erst obere Seite, dann untere	

Diese Schrumpfung entwickelt allein schon eine bedeutende Kraft; im Falle des Stabes 2 wurden sogar die Heftnähte zum Festhalten der Stabhälften entzweigerissen.

Die Verkrümmung der Stäbe begann erst nach der ersten oder auch zweiten Raupe sich zu zeigen. Die Verkrümmung ist bei freier Lagerung der Stabhälften mit jeder Raupe zunehmend. Beim V- und U-Profil erreicht die Verkrümmung den Höchstwert vor der letzten Raupe. Die Wirkung der wurzelseitigen Nachschweißung ist so stark, daß eine merkliche Rückkrümmung stattfindet, d. h. der max. Verkrümmungswinkel α_1 geht zurück in den bleibenden α_2 (Stäbe 1 und 3 bis 5 der Zahlentafel). Bei der X-Fuge (6), bei welcher zuerst die obere, dann die untere Hälfte ausgefüllt wurde, begann die Rückkrümmung mit der ersten Raupe unten. Hier war die Rückkrümmung stärker als die Krümmung selbst (Krümmung $\alpha_1 = 2° 50'$, Rückkrümmung $= 4° 35'$, bleibender Verkrümmungswinkel $\alpha_2 = -1° 45'$), was sich daraus erklärt, daß unten mehr Lagen waren als oben.

Sind die Stabhälften frei (1, 3 bis 7), so kommt es noch auf die Fugenform an. Am wenigsten günstig ist das V-Profil (Stab 1), am günstigsten das X-Profil (Stäbe 6, 7 und 8). Dieses Ergebnis bestätigt frühere Beobachtungen, neu ist die Erkenntnis, daß die U-Form, die in letzter Zeit in Aufnahme kommt, hinsichtlich der Größe der Schrumpfung in der Mitte steht. Die Fugenweite bzw. die Zahl der Raupen am Rand der Naht oben scheint von maßgebendem Einfluß zu sein, am größten ist dieselbe beim V-Profil, daher ist auch die Verkrümmung am größten. Das U-Profil hat übrigens verschiedene Vorzüge: Wenige Raupen, erzeugt mit dicken Elektroden, genügen zum Ausfüllen der Fuge, der Verlust an verspritztem Material ist gering, der Wärmehaushalt befriedigt, dieser trägt dazu bei, daß die unten liegenden Raupen gut durchgeglüht werden. Die sog. Entkrater, d. h. die Gräben der Naht entlang, sind weniger tief beim U-Profil oder fehlen ganz. Dagegen können die Schlacken nicht immer leicht entfernt werden.

Bei der Gruppe mit X-Fugen (6 und 7) besteht der Unterschied darin, daß das eine Mal (6) eine Fugenhälfte nach der andern ausgefüllt wurde, das andere Mal (7) abwechselnd oben und unten Raupen gezogen wurden. Die Stabhälften waren frei. Die Verkrümmungswinkel α_1 und α_2 sind bei 6 größer als bei 7, der bleibende α_2 ist überhaupt $= 0$ bei 7. Während bei der V-Naht die von den einzelnen Raupen verursachten Biegungsspannungen sich superponieren, gleichen sie sich bei der X-Naht und der Methode von Stab 7 aus. Hieraus ist zu schließen, daß, um bleibende Verkrümmungen zu vermeiden, bei den X-Fugen die Raupen möglichst abwechselnd oben und unten (außen und innen) zu ziehen sind. Obwohl bei den Werken diese Art des Vorgehens nicht beliebt ist wegen der damit verbundenen Umständlichkeit, muß in bestimmten Fällen doch daran festgehalten werden. In dieser Weise können dickwandige Trommeln von Dampfkesseln geschweißt werden. Weiter ist aus diesen Ausführungen zu schließen:

Ist die Naht eine V- oder U-Naht, so empfiehlt es sich, das wurzelseitige Nachschweißen vorzunehmen, bevor die V- oder U-Fuge vollständig ausgeschweißt ist.

Die Größe der Verkrümmung kann in erheblichem Maße vermindert werden durch das Festspannen der Bleche vor Beginn des Schweißens oder Festhalten in der Anfangsrichtung, man vergleiche 2 mit 1, 9 mit 3 bis 5. Die Schrumpfung kommt wenig zur Geltung, weil für das Absetzen der Raupen die Unterlage fest und unverändert bleibt, die Innenspannungen mögen zwar verstärkt werden; wir werden darauf zurückkommen. Sind dagegen die Stabhälften frei, so übt jede Raupe ihre verkrümmende Wirkung aus, die Summe der Verkrümmungswinkel ist α_1. Vollständig starres Festspannen bringt aber die Gefahr der Rißbildung in der Schweißnaht mit sich, wie an dem an die Unterlage festgeschweißten, also vollständig starr eingespannten Stab 2 sich zeigte, an der Oberfläche der Schweißung erschienen Haarrisse. Diese Überlegungen lassen das Heften der Bleche oder der Werkstücke, die aneinanderzuschweißen sind, als empfehlenswert erscheinen. Durch sorgfältiges Heften können Verdrehungen und Verschiebungen der zu schweißenden Werkstückhälften weitgehend vermieden werden. Bei freier Lagerung der Werkstücke kommt es, wie oben ausgeführt, auf das Fugenprofil (V, X, U) an. Bei festgespannten Werkstücken dagegen ist von diesem Einfluß wenig zu verspüren, man vergleiche 2 (V-Profil) mit 8 (X-Profil) und 9 (U-Profil), stets ist der bleibende Verkrümmungswinkel α_2 annähernd oder $= 0°$.

Der Einfluß dicker Elektroden im Vergleich zu dünnen zeigt sich bei den Gruppen 3 bis 5. Stets wurde mit dünnen Elektroden begonnen (3,2 mm), dann mit dickeren weitergefahren (4, dann bis 6, bis 7 mm). Bei 5 der Zahlentafel, also bei Anwendung der dicksten Elektrode (7 mm), zeigte sich die geringste Verkrümmung trotz größerer Öffnungsweite des U-Profils (welche an und für sich eine größere Verkrümmung erwarten ließ). Damit ist die frühere Einstellung, daß nur bei Verwendung dünner Drähte die Verkrümmungen gering bleiben, zurückzunehmen. Dünne Drähte sind jedoch unentbehrlich für das Schweißen der Wurzeln, d. h. der engsten Stellen der Fugen.

Die Wirkung verhältnismäßig dicker Elektroden ist noch weiter zu betrachten. Man begann bei Verwendung von Gleichstrom mit einer Stromstärke von 140 A bei der Elektrode 3,2 mm und stieg auf rd. 400 A bei der Elektrode 7 mm, Wärme wird entwickelt gemäß $W = 0{,}24 i^2 r$ gkal/sec. Daß auch die Temperatur zunimmt, konnte man schon äußerlich an der Leichtflüssigkeit des Bades erkennen. Durch die verschiedenen Temperaturstufen wird das Gefüge verändert im Sinne des Zustandsdiagrammes Eisen-Kohlenstoff. Die äußersten Schichten werden durch die Luft abgeschreckt, die untenliegenden durch die Wärme der oberen angelassen. Dabei werden die unstabilen Gefügebestandteile (Martensit usw.) dem Gleichgewichtszustand wieder genähert durch Ausscheidung von Ferrit und Zementit. Diese Umwandlung vollzieht sich besser bei Verwendung dicker als dünner Elektroden. Waren die unteren Lagen unmittelbar nach dem Schweißen mit Spannungen behaftet, so ist anzunehmen, daß diese nach dem Aufbringen oberer Lagen verschwinden, zum spannungsfrei Glühen genügt eine Temperatur von 600 bis 650° C, die aber einige Zeit einwirken muß, welche bei dünnen Elektroden nicht immer genügt. Die oberste Lage wird die durch das Abschrecken entstehende Spannung beibehalten, diese beherrscht nachher die ganze Naht, gegebenenfalls das ganze Werkstück. Die oberste Schicht weist auch stets Gußgefüge auf.

Es ist nochmals hinzuweisen auf die durch die Zahlentafel X ausgewiesene außerordentliche, wenn nicht phänomenal zu nennende Verkrümmung durch jede einzelne Raupe. Die Schrumpfspannung der letzten gewöhnlich wurzelseitig bei V- und U-Profil geschweißten Raupe ist so groß, daß die Stabhälften eine Rückkrümmung erfahren trotz des nahezu voll ausgeschweißten Nahtquerschnittes. Man ist geneigt, außergewöhnlich hohe Spannungen dahinter zu suchen. Durch mechanische Proben (Zug, Biegung, Kerbschlagproben) ist der Frage nicht beizukommen. Wird ein geschweißter Stab dem Zugversuch unterworfen, so findet nach Überschreiten der Streckgrenze ein Spannungsausgleich im Querschnitt statt, die Verhältnisse vor Überschreitung der Proportionalitätsgrenze offenbaren sich dabei nicht.

Um sich über die Spannungen im Innern einer Naht in Normalrichtung ein Bild zu machen, hat man sich die bei der Verkrümmung wirkenden Kräfte zu vergegenwärtigen. Die letzte Raupe verursacht durch Schrumpfung eine Zugkraft, hieraus entsteht ein Biegemoment, d. h. auf der Gegenseite wirken Zug-, in der Mittelzone Druckspannungen, wie in Abb. 33 bei *3*, *6* und *9* durch verschiedene Schraffur an-

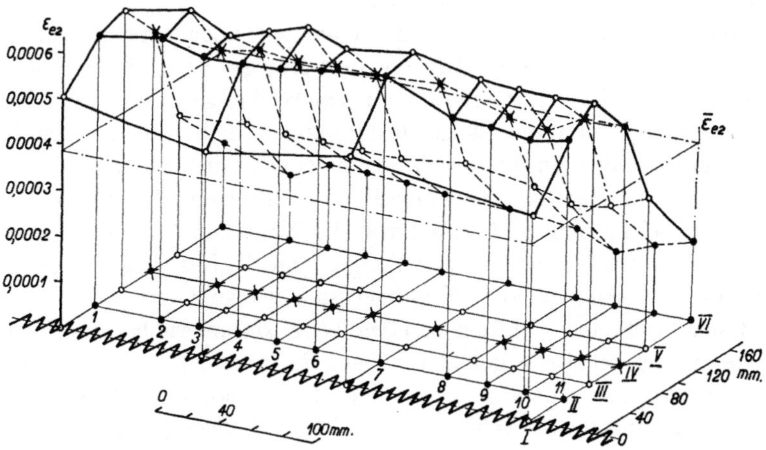

Abb. 34. Plan der Dehnungen und red. Spannungen eines Feldes rechts von der Längsnaht.

gedeutet. Einige Versuche (Aufsägen von Schweißnähten an Probestäben mit aufgespannten Spannungsmessern auf der Rückseite) ergaben ungleiches Auseinanderklaffen je nach dem Durchfahren von Zug- oder Druckzonen. Die Annahme ist zulässig, daß in den äußersten Krusten oben und unten außerdem kurze Druckzonen bestehen (nicht angedeutet in Abb. 33).

Die Schrumpfungen $2\eta_1$ und $2\eta_2$ (Abb. 33) normal zu den Längsnähten zylindrischer Schalen bewirken eine, wenn auch nur geringe, Verkürzung des Umfanges. Viel wichtiger als diese ist die Störung der Rundung bei der Naht infolge der Verkrümmung. Die letztere muß Zusatzspannungen in Naht und Blechteilen in nächster Nähe der Naht hervorrufen. Derartige Feststellungen sind denn auch schon gemacht worden. Abb. 34 zeigt topographisch den Plan der Dehnungen und red. Spannungen, gemessen in einem Feld rechts von der Längsnaht eines Probebehälters[1]. Die Lage der Naht ist durch die Zickzack-

[1] Wärme 1931 S. 885; 1935 S. 97.

linie gekennzeichnet, die mittlere der Rechnung entsprechende Dehnung $\bar{\varepsilon}_{e2}$ durch strichpunktierte Linien. Die Abweichungen von der Mittelebene betragen bis 33% und sind beträchtlich (auf die Wiedergabe des symmetrischen Bildes links kann verzichtet werden).

Verkrümmungen nach Möglichkeit zu vermeiden, ist eine der wichtigsten Aufgaben der nächsten Zukunft.

In den Rundnähten ergeben sich ebenfalls Schrumpfungen, diejenigen gemäß $2\eta_1$ (Abb. 33) zeigen sich in einer Verkürzung der Kessellänge. Solche gemäß $2\eta_2$, d. h. Verkrümmungen, treten nicht in die Erscheinung wegen der Biegungssteifigkeit der Behälter, Spannungen sind aber da. Bekannt ist die Verkürzung von geschweißten Schiffschalen durch die Wirkung der Quernähte, sie kann für kleinere Schiffe zu 0,4 bis 0,5 mm/m angenommen werden.

Wir kommen zurück auf die S. 57 unter d) angedeuteten Schrumpfungen in der Längsrichtung einer Längsnaht, die wir mit η bezeichnen wollen. Im Gegensatz zu den Wirkungen normal zur Naht ($2\eta_1$ und $2\eta_2$) sind die Längsschrumpfungen nicht leicht erkennbar. Die Verkürzungen in Längsrichtung erzeugen Zugspannungen in der Naht und im angrenzenden Metall. Aus Gleichgewichtsgründen entstehen dabei in einigem Abstand von der Naht Druckspannungen. Die Zugspannungen sind nach Feststellungen von Siebel[1] ganz bedeutend. In diesem Zusammenhang sei aufmerksam gemacht auf die Tatsache, daß sich nach dem Schweißen, etwa beim Hämmern bei der Druckprobe, schon oft Risse gebildet haben, die quer zu den Längs- oder Rundnähten ins volle Blech verlaufen. Insbesondere machen sich die Längsspannungen bemerkbar, wenn auf kaltes Blech geschweißt wird.

3. Schrumpfwirkungen der Kehlnähte.

Im Unterschied zu den Stumpfnähten verbinden die Kehlnähte in der Regel verschiedene Platten, die zudem nicht in der nämlichen Ebene liegen. Die Schrumpfwirkungen sind daher andere, insbesondere wenn

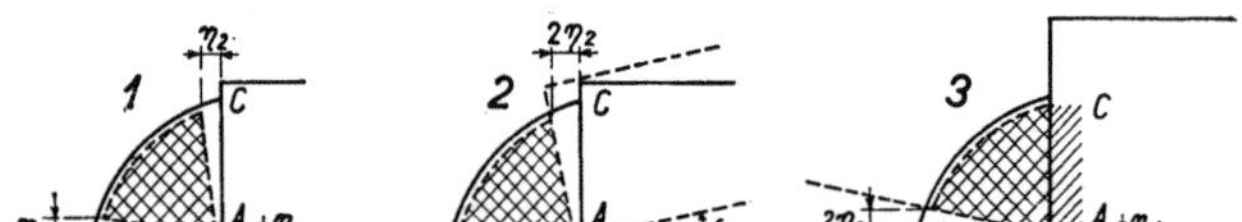

Abb. 35. Schrumpfwirkungen bei den Kehlnähten.

die eine der durch eine Kehlnaht zu verbindenden Platten relativ zur andern verschiebbar ist. Die Kehlnaht vom ursprünglichen Querschnitt *ABC*, *1* von Abb. 35, schrumpft zu dem schraffiert gezeichneten Querschnitt ein. Dabei geht die Schrumpfung des Bogens *BC* frei vor

[1] Wärme 1934 S. 785.

sich, in den Seiten *AC* und *BC* hängt das niedergeschmolzene Metall mit den Urwerkstoffen zusammen. Das Schrumpfmaß des Bogens *BC* möge ähnlich demjenigen der Stumpfnaht mit $2\eta_2$ bezeichnet werden, die Schrumpfungen bei *A* seien η_1.

Die Größe von η_1 horizontal hängt davon ab, ob die Platte *AC* auf der Unterlage *AB* verschiebbar ist, von η_1 vertikal davon, ob zwischen beiden Platten Spiel besteht. Die Schrumpfung $2\eta_2$ erzeugt ein Drehmoment um *A*, in der äußerlich sichtbaren Wirkung kommt es darauf an, ob die Unterlage *AB* fest und die Platte *AC* drehbar ist, wie in Abb. 35/*2* dargestellt, oder aber ob die Unterlage *AB* nachgiebig ist gemäß Abb. 35/*3*. Für die Richtigkeit dieser Auffassung spricht Abb. 105, Kap. 25/2.

Hinsichtlich der Schrumpfung η in Längsrichtung der Kehlnähte ist an das über Stumpfnähte Gesagte zu erinnern (S. 62), außerdem ist die Schrumpfung davon abhängig, ob die Platten verschiebbar sind.

4. Einige Absolutwerte der Schrumpfung.

Einige Absolutwerte der Schrumpfung von Stumpfnähten ergeben sich aus Zahlentafel X, S. 58. Aus jenen Versuchen geht hervor, daß bei Stumpfnähten das Schrumpfmaß im Grund der Fuge $2\eta_1 = 1$ mm bei dünneren, bis 2 mm bei dicken Blechen beträgt. Allgemein wird das Schrumpfmaß von nicht festgehaltenem niedergeschmolzenem Schweißgut zu etwa 12 mm linear je Meter angegeben, nach dem Volumen zu etwa 3,6%. Die Querschrumpfung eines V-Stoßes kann nach Lottmann[1] für Bleche 5 bis 10 mm der Abb. 36 entnommen werden, für Blechdicke $s = 5$ mm 1 Raupe, für 10 mm 2 Raupen.

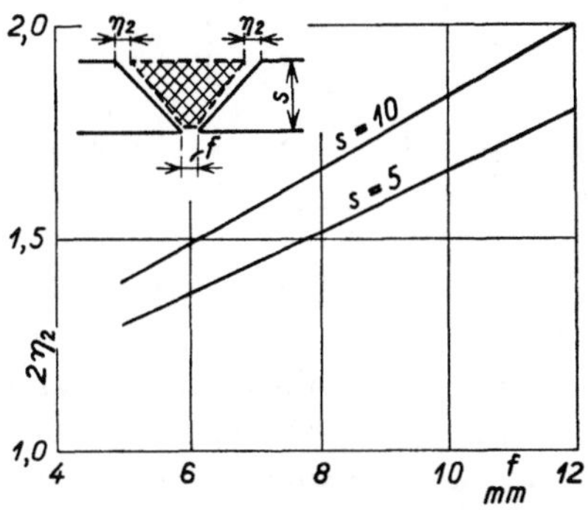

Abb. 36. Querschrumpfung von V-Nähten. Die auf der Abszissenachse aufgetragene freie Fugenweite *f* wurde in der Wurzel gemessen.

Reinhardt[2] untersuchte Platten (1,5 × 1,2 m, 14 mm dick) mit Schweißnähten, die längs durchlaufen oder ähnlich einem Riß beschränkte Länge haben. Quer zur Naht, im anschließenden Bereich, wurde Verkürzung, weiter abstehend Dehnung festgestellt. Parallel zur Naht sind Verkürzungen vorherrschend. Das Bild ist ungleichmäßig.

Bierett[3] prüft die Schrumpfung von beiderseits eingespannten Blechen, durch Stumpfnähte zusammengeschweißt. Längs und quer sind die Spannungen an den Blechrändern negativ (Druck), im mittleren Bereich positiv (Zug).

[1] Z. VDI 1930 S. 1340. [2] Wärme 1933 S. 56. [3] Z. VDI 1934 S. 709.

Mies[1] behandelt ähnliche Fragen.

Mit Bezug auf die Anwendung von Laschen mögen folgende Feststellungen erwähnt werden[2].

Zwei gleichartige Blechabschnitte $A_1 A_2$, Abb. 37a, wurden so aneinandergeschoben, daß die freie Fuge, gemessen an den Abstand-

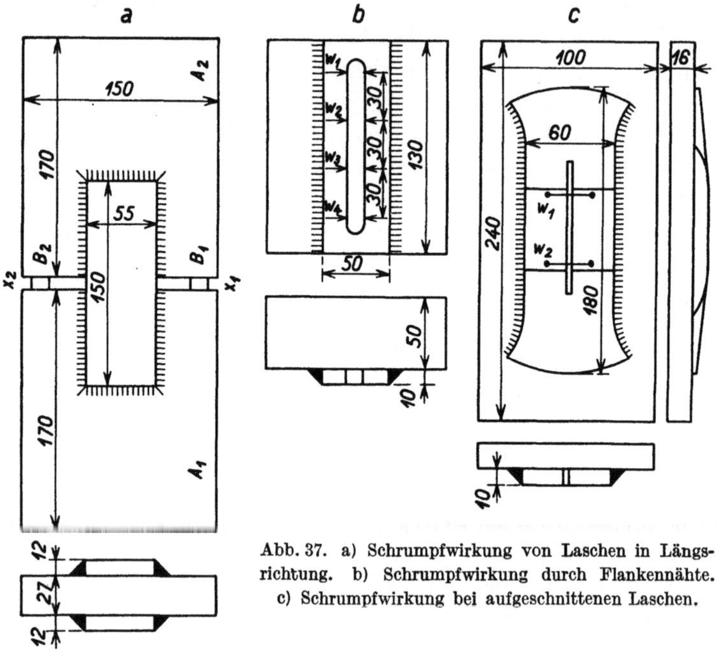

Abb. 37. a) Schrumpfwirkung von Laschen in Längsrichtung. b) Schrumpfwirkung durch Flankennähte. c) Schrumpfwirkung bei aufgeschnittenen Laschen.

stollen $B_1 B_2$, 10 mm betrug. Nach dem Aufschweißen einer Lasche war die Fugenweite x_1 9,5 mm, x_2 9,7 mm. Verminderung der ganzen Fugenweite im Mittel $2\xi = 0{,}4$ mm.

In den Abb. 37b und 37c kommt die quer gerichtete Wirkung von Flankennähten zum Ausdruck, der Schlitz in der Lasche wird geöffnet. Der Unterschied vor und nach dem Schweißen ist in Millimetern für

	w_1	w_2	w_3	w_4
Abb. 37b . . .	0,38	0,80	0,78	0,38
Abb. 37c . . .	0,12	0	—	—

wobei w ursprünglich 10 mm (37b) bzw. 5 mm (37c) war.

Die Flankennähte verursachen also einen Querzug in den Laschen, aus Gleichgewichtsgründen eine entsprechende Druckwirkung in der Unterlage. Durch Aufschlitzen der Laschen können diese Spannungen aufgehoben oder vermindert werden.

---

[1] Wärme 1934 S. 113; 1935 S. 97.

[2] Sicherung geschweißter Nähte. Berlin: Julius Springer.

Die Wirkung der Schrumpfung kann man sich zur Vereinfachung des Denkens als eine Saugwirkung vorstellen.

5. Maßnahmen zur Verminderung der Schrumpfung.

Zusammenfassend ergibt sich aus dem Vorangehenden für die Ersteller geschweißter Werkstücke das Gebot, die Schrumpfwirkungen möglichst niedrig zu halten. Der erste Schritt hierzu besteht in der Vermeidung überflüssig großer Nahtquerschnitte. Mit Bezug auf die Berechnung richtiger Querschnitte sei an die Ausführungen von Kap. 5, S. 46/47, erinnert, mit Bezug auf die Querschnittsform auf Abschnitte 2 und 3 hiervor. Am größten zeigen sich die Verkrümmungen beim V-Profil.

Weitere Maßnahmen zur Verminderung der Schrumpfwirkung bestehen in der Wahl richtiger Werkstoffe. Ein weicher geglühter Stahl erweist sich als günstig, schon deswegen, daß er bei hoher Schrumpfspannung fließt (kriecht) und nicht bricht. Umhüllte Schweißdrähte bewirken, wie früher besprochen, eine langsamere Abkühlung des Schweißgutes als nackte. Wenige dicke Raupen scheinen sich besser zu eignen als zahlreiche dünne. Daß es richtig ist, die Temperaturen hoch zu halten, wurde eingangs dieses Kapitels ausgeführt, die Praxis bestätigt diese Anschauung[1]. Dagegen wird in den Werken nicht selten künstliche Kühlung für die der Naht benachbarten Teile angewendet, um die Schrumpfung zu vermindern. Man bespritzt die Werkstücke mit Wasser oder legt Kupferstücke auf, z. B. wenn Rohrbördel an Platten angeschweißt werden sollen. Derartige Maßnahmen können nicht allgemein empfohlen werden.

Zum Ausgleich vorhandener Schrumpfspannungen werden die Werkstücke spannungsfrei geglüht (600 bis 650° C). Autogen geschweißte Nähte können mit dem Brenner nachgeglüht werden.

Zur Vermeidung von Verkrümmungen (Verwerfungen), wie in Abschnitt 2 hiervor behandelt, ist die Wahl des Nahtprofils wesentlich. X-Nähte weisen die geringsten, V-Nähte, wie erwähnt, die größten Verkrümmungen auf. Bei X-Nähten sind die Raupen einzeln abwechselnd auf der einen und der andern Blechseite (außen und innen) aufzubringen, bei wurzelseitigen Nachschweißungen bei V- und U-Nähten sind die wurzelseitigen Raupen nicht als letzte zu berücksichtigen. Beim Anschweißen von Lamellen durch Kehlnähte, ähnlich wie bei Kreuzstäben (Abb. 38, S. 68), ist jede Raupe wechselweise auf der einen und andern Seite der Lamelle aufzutragen.

Eine weitere technologische Maßnahme ist die Inangriffnahme der Naht von einer bestimmten Stelle ihrer Länge aus, z. B. von der Mitte. Die Längsspannungen sind dann geringer als beim Beginn an einem

[1] Escher-Wyss Mitt. Mai 1928.

Ende der Nahtfuge. Man kann im Pilgerschritt vorgehen zur besseren Wärmehaltung[1]. Bei Kehlnähten hat sich streckenweises Unterbrechen der Naht als vorzügliches Mittel zur Verminderung von Längsspannungen erwiesen (Abb. 95/5). Im übrigen geht jedes Werk nach eigenen Erfahrungen vor, einheitliche oder allgemein anerkannte Methoden gibt es heute noch nicht.

Kann ein zu schweißendes Werkstück nicht frei schrumpfen, ist man also genötigt, die Schweißung gewissermaßen innerhalb eines gegebenen Rahmens vorzunehmen, so muß wenigstens die Einspannlänge genügen, dies ist wesentlich für die Verhütung der Rißbildung. Es gehört zu den schwierigsten Aufgaben der Schweißtechnik, ein kurzes dickes Flickstück in eine Platte einzuschweißen, ohne Gefahr zu laufen, daß die Nähte beim Erkalten reißen. Hier bleibt es sich nicht gleich, an welcher Stelle das Schweißen beginnt, hierfür wird oft die Mitte einer Seite empfohlen. Die Ecken sollen abgerundet, die Abrundung möglichst groß gemacht werden, denn in der Ecke kann als Einspannlänge die Diagonale genommen werden, diese ist desto kürzer, je schärfer die Ecke. Die Verwendung weichen, gut geglühten Bleches ist wesentlich. Hinsichtlich der Gasschmelzschweißung besteht die Möglichkeit, die Borde der Platte vor dem Schweißen anzubiegen und die Naht nachher zurückzuhämmern, wobei die Spannungen ausgeglichen werden.

Für die Verminderung von Verkrümmungen ist das Heften der Werkstücke als zweckmäßig anerkannt. Das Grundsätzliche daran ist in den Feststellungen zu Zahlentafel X, 1 und 2 erläutert. Bei gehefteten Teilen wird jede neue Raupe auf das festgehaltene und nicht auf das fortschreitend sich verkrümmende Werkstück aufgetragen. Die Einspannung darf aber nicht vollkommen starr sein, um Rißbildung zu vermeiden. Viele Heftpunkte zu setzen, erscheint zweckmäßig, dabei ist auch der Schrumpfung der Heftpunkte Rechnung zu tragen, so daß es sich z. B. bei einer Zylinderschale empfiehlt, von der Mitte her gleichzeitig mit dem Heften fortzuschreiten. In den Strecken zwischen den Heftpunkten bewirkt die Schrumpfung Zug-, in den Heftpunkten selber Druckspannungen normal zur Naht.

Allgemein muß man sich darüber klar sein, daß eine Anhäufung von Schweißverbindungen an nämlicher Stelle zu vermeiden ist.

Die Empfehlung, die Nähte kalt zu hämmern, um die Verkrümmung der Werkstücke auszugleichen, ist hinsichtlich der Dampfkessel mit größter Vorsicht aufzunehmen. Derart gequetschtes Material verliert die Zähigkeit und ist der Alterung ausgesetzt. Gefahr besteht insbesondere beim Hämmern in Blauwärme.

Verschiedene weitere Erfahrungen über das Schrumpfen sind in Kap. 26 angegeben.

[1] Matting: VDI-Hauptversammlung 1933, Friedrichshafen.

8. Die Prüfung der Nähte.

Wie bei der Prüfung der Grundwerkstoffe fallen in Betracht: chemische Analysen, chemisch-physikalische und rein mechanische Untersuchungen. Zu diesen gehören zur Hauptsache der Zugversuch, der Faltbiegeversuch, die Härteprüfung, der Kerbschlagversuch, Dauerstandfestigkeits- und Dauerfestigkeitsprüfungen, Spannungsmessungen. Dem Versuch darf keine besondere Wärmebehandlung vorangehen.

1. Zugversuch.

Beim **Zugversuch** ist die Naht meistens quer zur Stabachse gestellt, Zeichnung 1, Abb. 38. Bei kurzen Stäben (sog. Dampfkesselstäben) verzichtet man auf die Feststellung der Dehnung (δ), erzwingt dafür den Bruch in der Naht und kennt damit ihre Festigkeit (σ_B). Die Möglichkeit der Einschnürung muß dabei gewahrt bleiben, ohne diese Rücksichtnahme wird die Festigkeit künstlich gesteigert, wie in Kap. 2, Abb. 3 gezeigt. Als prismatische Länge genügt $l = 2s$ mit s als Stabdicke, gute Übergänge ($r = 40$ mm) sind zu verlangen.

In der Frage, ob die Wulste eben zu arbeiten sind, ist zu beachten, daß beim Vorhandensein von Wulsten die Stäbe meistens außerhalb der Naht oder in den Übergängen brechen. Das Wegarbeiten der Wulste hat aber das Bedenkliche, daß die äußern harten und zum Teil schlechten Schichten beim Versuch nicht mehr mitwirken. Dagegen kann man die Fugen so mit Schweißgut ausfüllen, daß die Staboberfläche gerade erreicht wird, Zeichnung *2*, Abb. 38.

Die Schweißnaht kann auch in Längsrichtung angeordnet werden, Type *3*. Solche „Reckstäbe" lassen es, wenn auch eingeschränkt, zu, das Formänderungsvermögen des Stabgrundstoffes mit dem des Schweißgutes zu vergleichen.

Die mechanischen Eigenschaften des Schweißgutes werden an Stäben geprüft, die man aus diesem herausarbeitet. Es entspricht der schärfern Probe, die Zugstäbe und Faltbiegestäbe einem zusammengeschweißen Block so zu entnehmen, daß die Stabachse normal zur Raupenrichtung liegt, Abb. 38/*4*, diese Anordnung sei empfohlen. Das Blech *c* dient als Unterlage beim Schweißen des Blocks, *a* ist ein Proportionalstab (Köpfe *b* aus Grundwerkstoff), *d* ist ein Probestab, der die Übergangsstelle enthält. Zur Prüfung der Kehlnähte dienen die Typen *7* bis *9*, *7* der bekannte Kreuzstab, *8* Doppellaschenstab mit Stirnnähten, *9* Doppellaschenstab mit Flankennähten verschiedener Länge (l' bis l''). Die Art der Beanspruchung ist gemäß Kap. 5 bekannt. Die Fugenweite bei *9* ist nicht gleichgültig (Vorschlag EMPA $w = 2s + 20$ [mm], höchstens 50 mm), wegen Spannungsanstieges in den Nähten bei der Fuge. Die in Abb. 15/*6* bereits angedeutete **hinter-**

schnittene Kehlnaht ist bei *7b* und *8b* von Abb. 38 berücksichtigt. Ein kurzer zum Vergleich von *7a* mit *7b* angeordneter statischer Versuch hat für *7b* eine etwas höhere Festigkeit ergeben. Die Höhe *h* war bei den geprüften Stäben im Mittel 9 mm. Die Bruchbelastung ergab für *7a* im Mittel 28,1 t, für *7b* 31,6 t, in spezifischer Belastung aus-

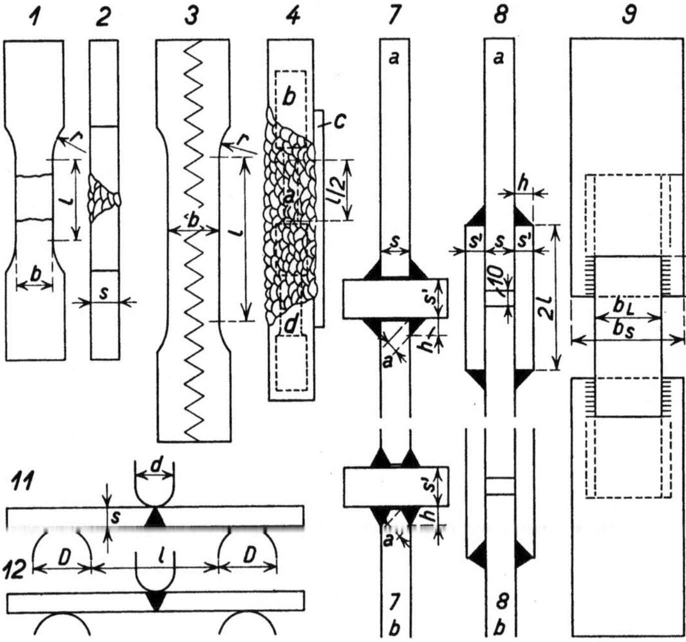

Abb. 38. Prüfung der Nähte. *1* bis *9* Zugstäbe, *11* und *12* Faltbiegestäbe.

gedrückt: 2,8 bzw. 3,2 kg/mm² (der Wert 2,8 ist in Übereinstimmung mit Zahlentafel VI). Bei der Prüfung auf Dauerfestigkeit ergibt sich ebenfalls für *7b* eine höhere Grenzzugspannung als für *7a*[1]. Der Grund des bessern Verhaltens liegt in der geringern Ausladung der Kehlnähte bei *7b* oder, was das nämliche ist, des weniger stark ausgelenkten Kraftflusses.

2. Die Faltbiegeprobe.

Über das Vorgehen und die Versuchseinrichtungen (Dorn, Auflager usw., *11* und *12* der Abb. 38) ist man nicht einig, die Brauchbarkeit der Probe bei Stäben mit Schweißnaht ist überhaupt umstritten. Die Krümmung ($1/r$) richtet sich nach der Härte des Schweißgutes und der umliegenden Stabteile, ist daher unregelmäßig. Die Feststellung der Tetmajerschen Biegegröße $B_g = 50 s : r$ verliert daher an Wert als Bezugsgröße. Berücksichtigt man ferner, daß die Faltfähigkeit stark von der Beschaffenheit der äußersten Schicht bzw. „Faser“ abhängt, so daß

[1] Z. VDI 1934 S. 1423.

eine gute, aber mit einer Blase in der äußersten Schicht behaftete Naht beim Falten früher reißt als eine geringe, aber blasenfreie Naht, so erscheinen die Bedenken hinsichtlich der Anerkennung der Faltprobe berechtigt. Als Schraubstockprobe wird sie stets im Gebrauch bleiben, man bedient sich in letzter Zeit auch kleiner hydraulischer Apparate.

Bei V-Nähten ist nicht zu übersehen, dieselben das eine Mal mit der Wurzel, das andere Mal mit der Kopfseite des V an den Dorn anzulegen, Abb. 38, *11* und *12*, man vergleiche Kap. 4, S. 30.

3. Die Kugeldruckproben

zeigen im allgemeinen, daß das Schweißgut härter ist als der Grundwerkstoff. Der übliche Zusammenhang von Brinellhärte und Zugfestigkeit σ_B (kg/mm^2) $\sim 0{,}35\,H$ besteht nicht für das Schweißgut. Prox weist nach[1], daß die Härte des Schweißgutes vom vorhandenen Stickstoffgehalt abhängt.

4. Bei Kerbschlagproben

mit Schweißgut findet man bisweilen bei blasigem Gefüge höhere Kerbzähigkeit als bei festem (homogenem). Die Stellung der Kerbe ist nicht gleichgültig (in Schweißrichtung oder quer dazu), wesentlich ist die Tiefe der Kerbe, bei der üblichen wird die spröde Schicht durchfahren, kommt im Ergebnis nicht zur Geltung. Das Anritzen ist bisweilen gefährlicher (Abb. 2). — Allen Anstrengungen ungeachtet besteht heute bedauerlicherweise noch kein Probestab, der internationale Geltung hätte. Kerbschlagprobestäbe sollten quer zur Raupenrichtung genommen werden, ähnlich wie Zugstäbe, Abb. 38/*4*.

5. Dauerfestigkeit.

Die Dauerfestigkeit der Schweißnähte und Schweißverbindungen sind neuerdings Gegenstand gesteigerter Aufmerksamkeit. Im nachfolgenden ist zunächst auf allgemeine Gesichtspunkte einzutreten, in Kap. 11 auch auf einige Versuche.

Die Widerstandsfähigkeit eines Teiles einer Verbindung, die wechselnder Beanspruchung ausgesetzt ist, hängt ab[2]

1. von der Schwingungsfestigkeit des Werkstoffs an sich,
2. von der Kerbempfindlichkeit des Werkstoffs,
3. von der Korrosionsempfindlichkeit,
4. von der Auswirkung der konstruktiven Gestaltung auf den Kraftlinienfluß,
5. von der Schwingungsweite, d. h. von der Höhe der Grundspannung σ und der überlagerten Wechselspannung σ_W,
6. von der Zahl der Wechsel in der Zeiteinheit.

---

[1] Z. VDI 1930 S. 499. [2] Ulrich: VGB 1933.

Bei allen Schwingungsversuchen ist es ein gemeinsames Ergebnis, daß die Dauerfestigkeit bei ungleichmäßigem Kraftlinienfluß abnimmt. Die Ursache hierzu bilden öfters Querschnittsänderungen im Werkstück. Ganz besonders empfindlich hinsichtlich der Dauerfestigkeit der Probekörper und Arbeitsstücke ist die Oberflächenbeschaffenheit; polierte Probestäbe halten erheblich mehr Schwingungen aus als roh bearbeitete, korrodierte oder gar angekerbte. Die Übergänge, z. B. diejenigen zu Nahtwülsten, müssen sanft sein. Es wäre aber verfrüht, auf die Wülste der Nähte selbst zu verzichten (Beispiel Kap. 4/4, S. 32).

Die Dauerfestigkeitsprüfungen haben den Blick über die *Eignung der Verbindungen hinsichtlich ihrer Formgebung* erheblich erweitert. Liegen Fehler dieser Art vor, so erscheinen sie durch die Prüfung in stärkster Beleuchtung. Die Frage entsteht, ob die Werkstoffe und Verbindungen künftig *überhaupt vorzugsweise* auf Dauerfestigkeit zu prüfen seien. Diese Prüfung hat in erster Linie Wert, wenn es sich darum handelt, bei geringstem Gewicht das Mögliche aus einer Verbindung herauszuholen. Für Dampfkessel ist ein solcher Gesichtspunkt von fraglicher Bedeutung, es wird wohl nie angängig sein, auf einen erheblichen Überschuß an Werkstoff (Reserve) zu verzichten. Der Überschuß kommt im Sicherheitsgrad (x) zum Ausdruck. Die Schwingungen bei den Dampfkesseln sind weit verschieden von denjenigen, bei welchen die Dauerfestigkeit ermittelt wird. Das nämliche ist über die Wechsel-Wasserdruckprobe zu sagen.

6. Die Probeentnahme.

Ein wirksames, wenn auch rücksichtsloses und teures Verfahren besteht darin, aus dem Behälter, dessen Nähte geprüft werden sollen,

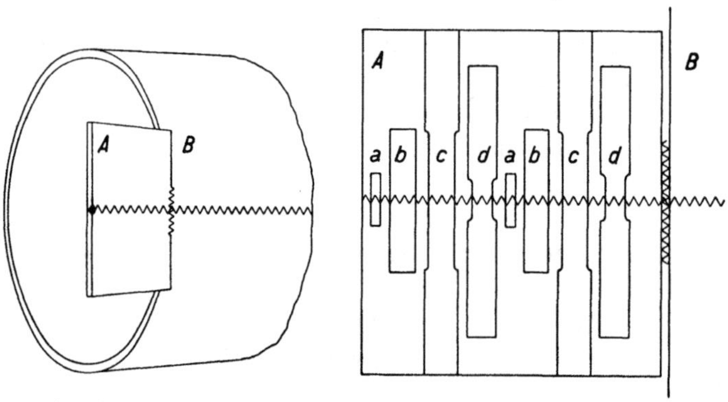

Abb. 39. Anordnung der Probestäbe in der Probeplatte, angeschweißt an das Werkstück. *a* Schliffprobe. *b* Kerbschlagprobe. *c* Biegeprobe. *d* Zerreißprobe.

einzelne Stücke mit dem Schneidbrenner herauszutrennen. Vor der mechanischen Prüfung müssen sie geradegerichtet werden, was schon eine kleine Änderung des ursprünglichen Zustandes bewirkt. Wünscht man bloß das Gefüge der Naht, etwa durch Ätzproben, zu kennen, so können Scheiben mit dem Kronbohrer herausgeschnitten werden, oder man fräst und bohrt ein (nicht durchgehendes) Loch in die Naht.

Um Stäbe für mechanische Proben zu erhalten, ohne die Kessel zu schädigen, können nach amerikanischem Muster ebene Blechstücke, deren Werkstoff dem am Werkstück verwendeten entspricht, in Hälften an das zu schweißende Werkstück, z. B. an eine Trommel, angeheftet werden, Abb. 39. Trommel und Probeplatte haben dann eine gemeinsame Fuge, die in einem Zug geschweißt wird. Die Zertrennung kann nach Prox[1] in der in Abb. 39 rechts angegebenen Weise erfolgen.

7. Zerstörungsfreie Proben.

Zu den bekanntesten gehören:

a) das Feilspäneprüfverfahren,
b) die Röntgendurchstrahlung,
c) die Gammadurchstrahlung.

a) **Das Prüfungsverfahren mit Eisenfeilspänen** ist von Ebel[2] untersucht worden. Bei Störungen der Felder durch Risse usw. tritt ein Teil der Kraftlinien aus dem Körper aus. Die durch die Späne entstehenden Bilder können nur mit Übung ausgelegt werden. Die Handhabung der schweren Magnete ist umständlich.

b) **Die Untersuchung durch Röntgenstrahlung.** Die Röntgenstrahlen haben die Eigenschaft, den Werkstoff zu durchdringen. Auf der Eigentümlichkeit der Röntgenstrahlen, daß sie an der Materie Interferenzerscheinungen erfahren, beruht ihre Anwendung zur Untersuchung des molekularen Aufbaues der Materie. Das Röntgenlicht erfährt beim Durchgang durch irgendwelche Materie eine Absorption, die bei gleichbleibender Kraft der einfallenden Strahlung um so stärker ausfällt, je höher die Dichte und das Atomgewicht (Blei) und je größer die Schichtdicke des betreffenden Stückes ist. Die verschieden starke Absorption der Röntgenstrahlen bildet die Grundlage für ihre Verwendung zur Materialdurchleuchtung. Fehlstellen in den Werkstoffen, wie Hohlräume, Einschlüsse, Risse, Seigerungen, haben infolge anderer Dichte auch ein anderes Absorptionsvermögen für Röntgenstrahlen als der normale Werkstoff. Sie treten im Lichtbild als Orte erhöhter oder verminderter Schwärzung hervor. Die Unterschiede im Absorptionsvermögen sind bei Verwendung weicher (langwelliger) Röntgenstrahlen deutlicher wahrzunehmen als bei der Durchleuchtung mit harter (kurzwelliger) Röntgenstrahlung. Da die weiche Röntgenstrahlung eine

[1] GVB 1933 — Arch. Wärmewirtschaft 1934.
[2] Z. bayer. Revis.-Ver. 1932 Nr. 11 — Z. VDI 1935 S. 477.

wesentlich höhere Belichtungszeit erfordert und daher kostspieliger ist, wird in der Praxis eine optimale Strahlung angewandt[1].

c) **Die Gammadurchstrahlung.** Radioaktive Elemente (Radium, Radiumemanation, Mesothor u. a.) senden infolge Atomkernzerfalls dauernd eine elektromagnetische Wellenstrahlung, die sog. Gammastrahlung, aus. Diese ist kürzerwellig und damit durchdringungsfähiger als jede Röntgenstrahlung, man kann Stahl bis 200 mm untersuchen. Die Belichtungszeiten sind aber sehr groß[2]. Die Fehlererkennbarkeit ist bei Gammaaufnahmen geringer als bei Röntgenaufnahmen.

8. Die Druckprobe.

Es ist üblich, die geschweißten Hohlkörper bei der Druckprobe an den Nähten abzuhämmern. Dabei hat es sich bewährt, den Probedruck während des Hämmerns auf den Betriebsdruck zu senken, um ihn hernach nochmals auf normale Höhe ansteigen zu lassen. — Über die Druckprobe bei wassergasgeschweißten Kesseln vgl. man Kap. 1/1.

III. Versuche mit geschweißten Verbindungen.

9. Versuche mit einfachen Kehlnahtverbindungen.

1. Schlitznähte.

Wenige Versuche mit Probestäben gemäß Abb. 40, durch Schlitznähte zusammengeheftet, haben eine Scherfestigkeit $\tau = 22$ bis $27\ kg/mm^2$

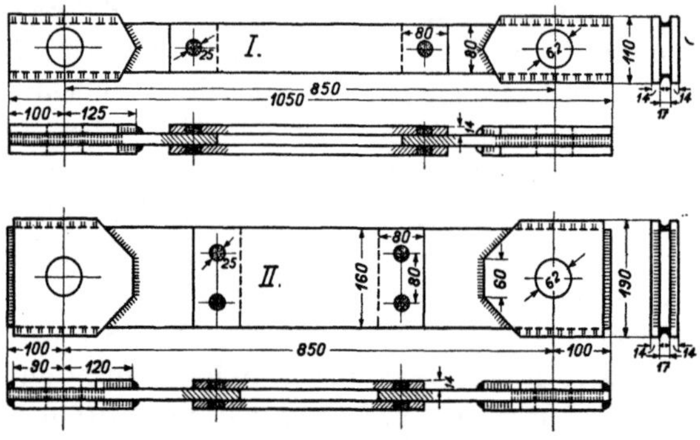

Abb. 40. Probestäbe mit Schlitznähten.

ergeben (Lochdurchmesser 25 mm, Nahthöhe $h = 12{,}5$ mm, Scherfläche auf den Lochrand bezogen).

[1] Schweiz. Bauztg. 22. Juli 1933 — Z. VDI 1935 S. 477 — DIN 1914 (Aug. 1935): Richtlinien für die Prüfung von Schweißverbindungen mit Röntgen- und Gammastrahlen.

[2] Z. VDI 1934 S. 173 (Berthold).

2. Überlappte und einseitig gelaschte Probestäbe.

Die Festigkeit geschweißter Verbindungen mit überlappter bzw. einseitig gelaschter Anordnung wurde durch Verwendung von Probestäben gemäß Abb. 41 und Abb. 42 geprüft, Elektroden bewickelt. Die Abreißfestigkeit K_α bei der überlappten Anordnung bewegt sich zwischen den Grenzen 22 und 25 kg/mm², ähnlich wie bei Stirnkehlnähten, Zahlentafel VI, S. 44. Jede Naht (Abb. 41) übernimmt die Hälfte der Last, die Verbindung ist also an sich sehr fest (ohne Aussparungen wären die Probestäbe Abb. 41 im vollen Blech gebrochen). Wie in Kap. 12/2 ausgeführt wird, ist diese Verbindung für die Längsnähte zylindrischer Trommeln jedoch infolge der damit verbundenen

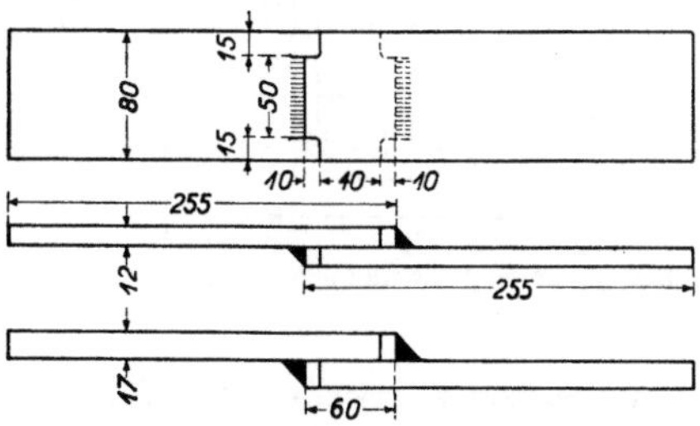

Abb. 41. Überlappte Anordnung.

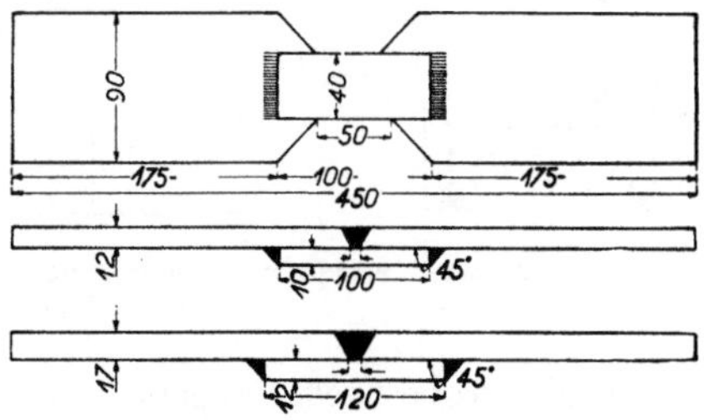

Abb. 42. Einseitig gelaschte Anordnung.

Biegungsspannungen ungeeignet, das Biegemoment wächst mit zunehmender Blechdicke. Bei Rundnähten stehen der Anwendung geringere Bedenken entgegen, man vergleiche die Ausführungen von Kap. 25. Im Schiffbau und Eisenbau findet die überlappte Naht reichliche Anwendung.

Der Vorschlag, einseitig gelaschte Verbindungen, Abb. 42, so auszuführen, daß die Lasche nicht nur außen, sondern auch in der Mitte mit der Unterlage verschweißt wird, ist schon in den Anfängen der elektrischen Schweißung gemacht werden (Quasi-Arc). Infolge der Einkehlung der Stäbe brachen beim Versuch die Stumpfnähte und je eine der Kehlnähte. Die Beanspruchung auf den Gesamtquerschnitt der Mitte bezogen, erreichte im Mittel 37,8 kg/mm² bei den dünneren und 32,1 kg/mm² bei den dickeren Stäben, auch hier macht sich das wachsende Biegungsmoment geltend. Beim Verbiegen wächst die Beanspruchung der Stumpfnaht, die zuerst zu Bruch geht.

3. Festigkeit senkrecht zueinander verschweißter Bleche.

Die einfachste Verbindung ist die Kreuzverbindung, Zeichnung *7*, Abb. 38, S. 68. Angaben über die Festigkeit finden sich in Kap. 5, Zahlentafel VI (Abreißfestigkeit der Stirnnähte). In vielen Fällen der Praxis ist es erwünscht oder unumgänglich, die senkrecht aufeinander gerichteten Bleche abzukröpfen, wie in Abb. 43, Vorlagen *1* bis *5* gezeigt. Hierzu sieht man sich im Behälterbau oft veranlaßt, z. B. bei Kraftwirkungen, wie sie durch die Anordnung der Zerstörungsvorrichtung, Abb. 43 rechts, veranschaulicht werden. Zur Prüfung wurden

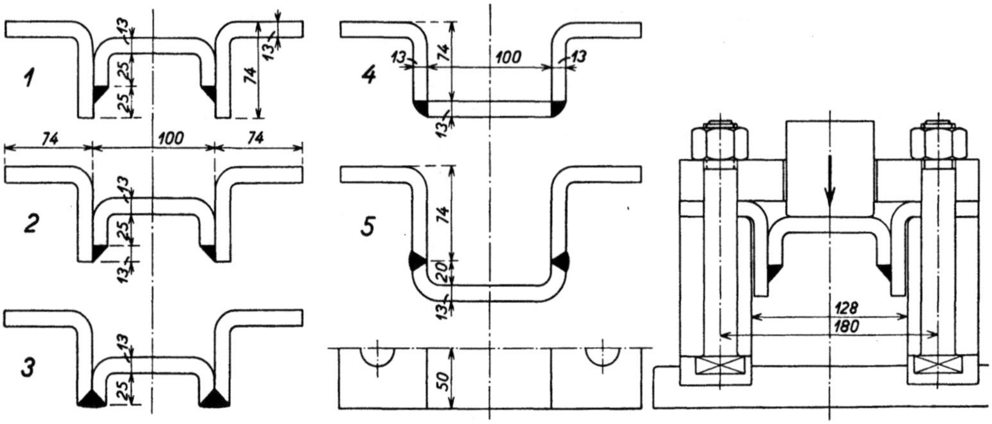

Abb. 43. Senkrecht zueinander gerichtete Bleche, durch Schweißung verbunden. Rechts: Zerstörungsvorrichtung.

je 57 Probestücke angeliefert, meistens autogen geschweißt, Blechdicke stets 13 mm. Als Maß der Widerstandsfähigkeit gilt der Zerstörungsdruck (Mittelwert).

Muster	1	2	3	4	5	Bemerkung
Zerstörungsdruck t	75,2	52,3	40,3	33,2	49,9	Bruch in den Nähten
%	100	70	54	44	66	

Von den Probestäben der hiervor genannten Versuchsreihen *1* bis *5* sind bloß diejenigen zur obigen Aufstellung zusammengefaßt, die in den Nähten brachen, es betraf die Mehrzahl. Zur Besprechung sollen nur diese berücksichtigt werden, zu bemerken ist aber, daß von den Stäben der Reihen *1* und *5* ein Teil außerhalb der Nähte zu Bruch ging, wobei eine höhere Festigkeit erzielt wurde (83,2 t bei *1*). Die festeste Verbindung ist *1*, diejenige, bei der ein Stück Blech die Naht um zweifache Blechdicke überragt.

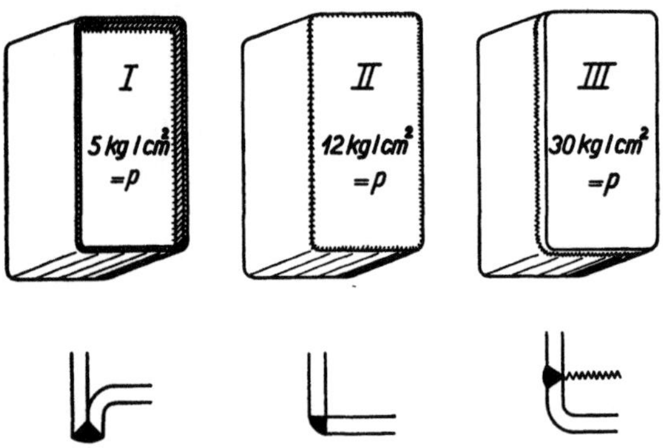

Abb. 44. Versuche mit kastenförmigen Hohlkörpern.

Die Lehre, daß der Werkstoff im nötigen Überschuß vorhanden sein muß, wird durch diese Versuche bestätigt. Die letzten Teile einer Kehlnaht können sich bei *1* noch auf den überragenden Teil stützen. Die Fälle der Anwendung von Verbindung *1* sind äußerst manigfaltig in der Praxis, z. B. beim Einschweißen von Feuerbüchsen in die Stehkessel oder von Böden, die einwärts gewölbt sind, in die Zylinderschalen oder der Böden in die Sammelkasten von Überhitzern und Vorwärmern, usw. Ein kleiner Versuch an kastenförmigen Hohlkörpern gemäß Abb. 44 bestätigt in gewissem Umfang das gewonnene Urteil. Die Sprengdrücke finden sich in der Abbildung vorgemerkt[1].

10. Versuche mit Scheiben und Flanschen.

1. Scheiben.

Scheiben können an ebene oder gewölbte Bleche bzw. Kesselwände in der in Abb. 45 gegebenen Art durch Schweißung befestigt werden. Die Festigkeit wurde mittels der rechts der Abbildung gegebenen Zerstörungsvorrichtung geprüft. Man beachte, daß die Ränder von *1* senkrecht, von *2* schräg abgesetzt sind. Zahl der geprüften Stücke 64, die meisten autogen geschweißt. Es verhielten sich die Muster *1* : *2* : *3* : *4* wie 48,3 : 38,9 : 60,6 : 53,6 t bzw. wie 79,7 : 64,2 : 100 : 88,4 %, die beste Verbindung ist *3*. Man beachte, daß ein senkrecht abgesetzter Rand (*1*) zweckmäßiger ist als der schräg abgesetzte (*2*), was im Einklang mit früherer Beobachtung steht.

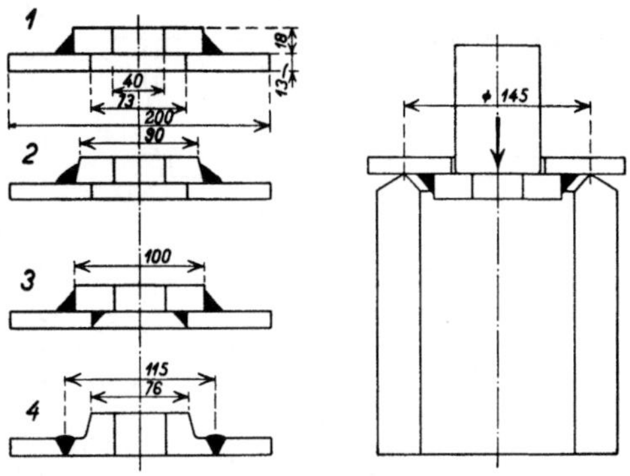

Abb. 45. Scheiben angeschweißt an Kesselblech. Rechts: Zerstörungsvorrichtung.

2. Versuche mit Flanschen.

Der Verfasser hat folgende Versuche mit Scheibenflanschen vorgenommen.

Erste Versuchsreihe. Die Versuchskörper sind in Abb. 46 wiedergegeben, die Art der Prüfung läßt sich aus der Beschaffenheit der Zerstörungsvorrichtung (unten) erkennen. In diese Versuche mit geschweißten Flanschen Typen *1* bis *4* wurden auch Walz- und Gewindeflansche einbezogen, Typen *11* und *12*. Zahl der Probestäbe ins-

[1] Mitt. Brown-Boveri, Baden.

gesamt 72, die geschweißten zum Teil durch Gasschmelzschweißung hergestellt.

Die Bruchbelastungen stehen für die autogen geschweißten Muster im Verhältnis 1 : 2 : 3 : 4 = 68,4 : 64,7 : 30,4 : 48,0 t = 100 : 95 : 44 : 70%. Als festester Flansch hat sich der Verschweißflansch *1* erwiesen. Flansch *3* hat infolge der Kerbwirkung ein schlechtes Ergebnis. Die elektrisch geschweißten Flansche erwiesen sich als fester als die autogen geschweißten, die Reihenfolge war ähnlich.

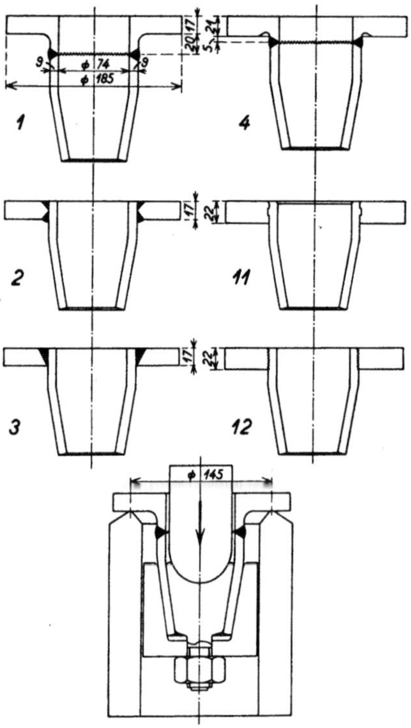

Abb. 46. Oben: Probekörper für Flanschversuche. Unten: Zerstörungsvorrichtung.

Die gewalzten und mit Gewinde versehenen Flansche erzielten trotz größerer Dicke nur geringe Zerstörungsdrücke, 33 bzw. 35 t oder 48 bzw. 51%, schon bei kleiner Durchbiegung fielen die Röhren durch die Bohrungen durch, während die Schweißflansche erst bei bedeutend größerer Durchbiegung zerstört wurden.

Zweite Versuchsreihe. Die Flansche, nur elektrisch geschweißt, sind in Abb. 47 dargestellt, der Werkstoff bestand bei den Flanschen aus Stahl I, bei den Bechern aus Stahl II. Die Bruchbelastungen waren

$$I\,A : I\,B = 56{,}2 : 82 \text{ t},$$
$$II\,A : II\,B = 68{,}5 : 86 \text{ t},$$
$$III\,A : III\,B = 82{,}6 : 88 \text{ t}.$$

Wie man diesen Verhältnissen entnimmt, kommt es bei der Festigkeit eines Flansches ganz besonders auf seine Dicke bzw. auf den Abstand der Kehlnähte an. Es leuchtet ein, daß bei gegebenem Moment die Belastung der Nähte von diesem Hebelarm abhängt. Bei guter Ausführung der Nähte brachen die Becher. Die Brauchbarkeit derartiger Flansche war durch den Versuch voll erwiesen, sie zeigt sich schon an der Verformbarkeit. Scheibenflansche dieser Art werden seither regelmäßig verwendet[1]. Es ist noch darauf hinzuweisen, daß die Stelle der größten Bruchgefahr bei der untern, d. h. der auf Zug und Schub beanspruchten Naht liegt.

[1] Normenblätter 18461/62 des Verbandes schweizerischer Maschinenindustrieller.

Weitere Versuchsreihe, vorgenommen durch Prof. Roš, EMPA Zürich, mit Vorschweißflanschen[1]. Die Nähte wurden durch Gasschmelzschweißung hergestellt. Die aus Nähten herausgearbeiteten Probestäbe ergaben 38 bis 44 kg/mm² Zugfestigkeit, sämtliche Nähte waren geglüht. Die Flansche wurden in 6 Reihen zu je 4 Stück geprüft. Die Art der Flansche ist in Abb. 48 erkennbar.

Zur Prüfung der Festigkeit wurden die Flansche nach dem Abschluß durch Deckel der Wasserdruckprobe unterworfen. In den meisten Fällen rissen die Rohrwände im Vollen auf, und zwar bei Drücken von 300 bis 1065 kg/cm², entsprechend einer Ringspannung σ_2 in der Rohrwand von 36 bis 44 kg/mm², im Mittel 40,6 kg/mm², Abweichungen $\pm 10\%$. Die mittlere Bruchfestigkeit der Schweißnähte war $\sigma_B = 39{,}4$ kg/mm².

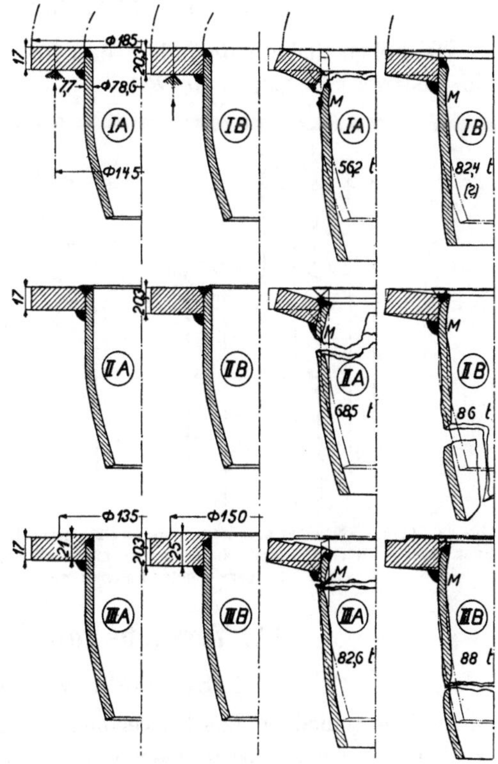

Abb. 47. Elektrisch geschweißte Scheibenflansche. Links: Beschaffenheit, rechts: Verformung.

Die Verformung ist durch das Verhalten der bleibenden Dehnungen ε_1 (Längsrichtung) und ε_2 (Ringtangente) gekennzeichnet. Vorschweißflansche (bezüglich Abmessungen vergleiche man die DIN-Flanschnormen in Deutschland, die VSM-Flanschnormen in der Schweiz) gehören somit zu den besten Flanschverbindungen. Die Vorschweißflansche werden wegen der Form gleicher Festigkeit der Hälse bei hoher Beanspruchung weniger verkrümmt als Scheibenflansche (Abb. 47). Die größte Spannung tritt aber auch beim Vorschweißflansch gemäß Abb. 48 (rechts) in der Nähe der Schweißnaht auf.

A Nennweite	mm	200	80	32	200	80	32
p_N Nenndruck . . .	kg/cm²	100	100	100	40	40	40
a Rohrdurchmesser .	mm	217/190	89/78	38/29	218/203	89/71	38/33
D Flanschdurchmesser	„	430	230	155	375	200	140
b Flanschdicke . . .	„	52	32	24	34	24	18

[1] Bericht Nr. 49 (1930).

Die Sicherheitsgrade (x) werden von der genannten Prüfungsanstalt bewertet (Kohlenstoffstahl C 0,02%).

	Nenndrücke		Innendrücke		
	Temp. gewöhnlich		Temp. 400° C		
p_N bzw. p_i . . .	100	40	64	32	kg/cm²
$x =$	6,3 bis 9,1	7,5 bis 15,4	3,7 bis 5,4	3,5 bis 7,3	

Die hohen Sicherheitsgrade gelten für die Rohre der Nennweite 32, die niederen für Nennweite 200.

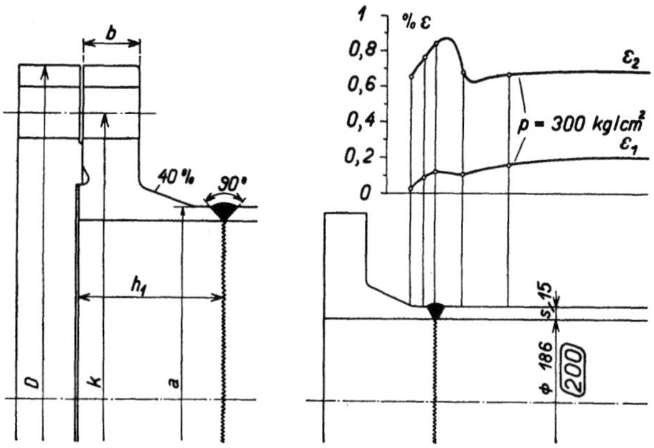

Abb. 48. Links: Form der geprüften Vorschweißflansche (Muster für Nennweite 200 mm, Nenndruck 100 at). Rechts: Spezifische Ring- und Längsdehnungen (ε_2 bzw. ε_1%) eines Flansches gemäß oben gezeichneter Beschaffenheit, bei $p_i = 300$ kg/cm².

11. Versuche mit Laschen.

1. Statische Versuche.

Zwei verschiedene Laschenverbindungen sind zu unterscheiden:

a) Die Laschen überbrücken eine Naht, der Fall der Sicherheitslaschen, Kap. 22 (für den Versuch sind die Laschen auf volle Stäbe geschweißt).

b) Die Laschen überbrücken eine freie Fuge. Dieser Fall ereignet sich häufig im Eisenbau, z. B. wenn Flacheisen unter sich oder an Knotenbleche angeschweißt werden.

a) Die Laschen überbrücken die zu sichernde Naht (Sicherheitslaschen). Von vielen Versuchen[1] sei nur derjenige der Abb. 49 beschrieben. Die Spannungen wurden durch Dehnungsmessungen ermittelt.

Stab ohne Fuge. Die Laschen haben ein eckiges und ein abgerundetes Ende zur Feststellung des Spannungszustandes in beiden Fällen.

Belastungsspanne 30 t. Verhältnis $F_{S+L} : F_S = 1{,}68$.

Querschnitt durch den glatten Stab $F_S = 16{,}0 \times 1{,}23 = 19{,}7$ cm².

[1] Sicherung geschweißter Nähte. Berlin: Julius Springer.

Querschnitt durch Stab und Laschen $F_{S+L} \sim 33{,}2$ cm².
Gerechnet $\sigma'_S = 1520$ kg/cm² $= 100\%$, $\sigma'_{S+L} \sim 904$ kg/cm².

Spannungen im Schnitt . .	*I*	*II*	*IV*	*VII*	*XI*
Gemessen, Prozent von σ'_S .	101	99	116	64	119

Besondere Beachtung verdient der Mittelschnitt *VII*. Die Spannungen sind folgendermaßen verteilt:

Stabrand			Laschenränder	Stabrand		
1125	1113	978		985	1024	1040 kg/cm²
74	73	64		65	67	68 %

Durch die Wirkung der Laschen ist eine Entlastung des Stabes festzustellen, die an den Stabrändern 32 bis

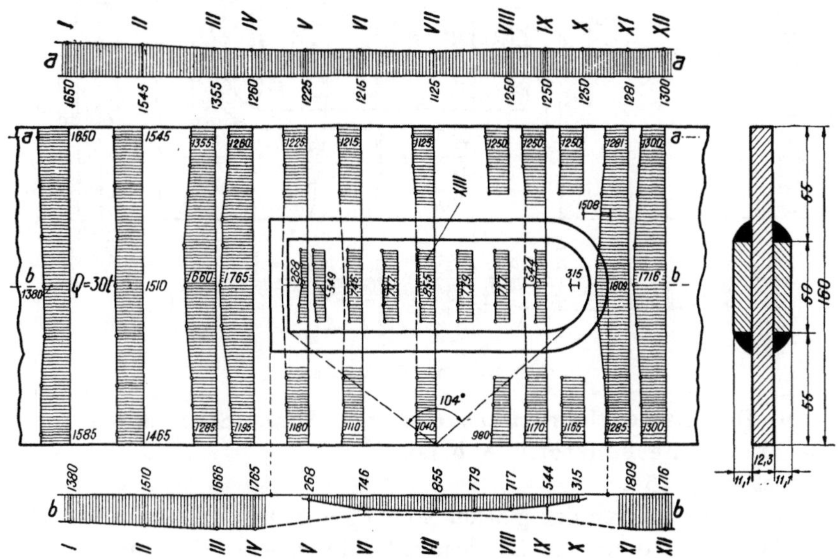

Abb. 49. Stab mit Laschen ohne Fuge.

26%, im Mittel 29%, höchstens 36% erreicht. Man beachte den Winkel von 104°.

In der Nähe der Laschenenden verdichten sich die Spannungen zu den Werten

Schnitt *IV* beim eckigen Ende 1765 kg/cm² oder 116%,

Schnitt *XI* beim abgerundeten Ende 1809 kg/cm² oder 119%.

An diesen Stellen ist der Stab um 16 bis 19% stärker belastet als im Mittel, und das abgerundete Laschenende überträgt, wie man auch bei anderen Stäben feststellen konnte, mehr Kräfte als das rechteckige. Diese Feststellung würde veranlassen, die Laschen mit abgerundeten Enden auszuführen. Für die Schonung des Bleches spricht jedoch die Ausführung mit rechteckigen Enden.

Die Veränderung der Spannungen in den Längsschnitten *aa* und *bb* lassen sich aus der Abb. 49 (oben und unten) erkennen, wobei die Spannung für den Stab im Schnitt *bb* durch eine gestrichelte Linie dargestellt ist.

Die Bruchstelle befand sich am Kopf, nicht bei den bedrohten Punkten bei den Laschenenden.

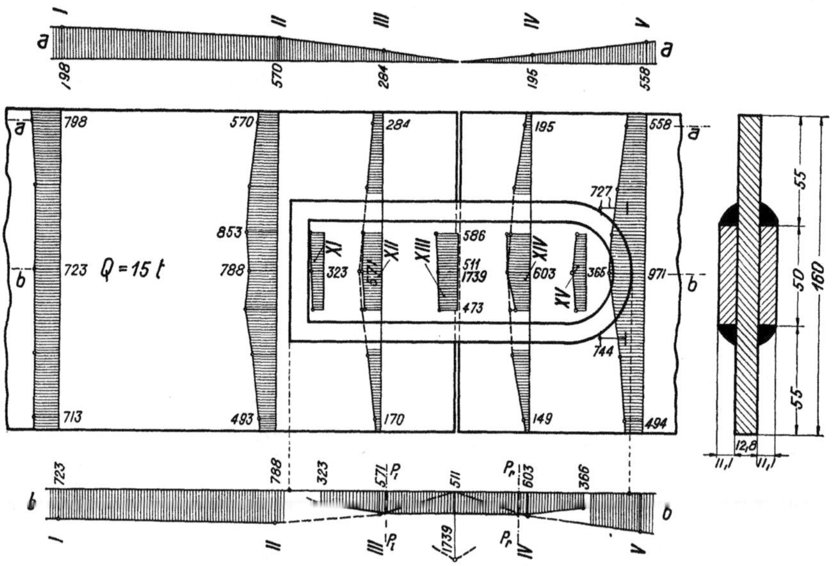

Abb. 50. Stab mit Trennfuge.

b) Die Laschen überbrücken eine freie Fuge. (Stab mit Fuge, Laschen ohne Fenster.) Abb. 50.

Belastung 15 t.

Querschnitt durch den glatten Stab $F_S = 16{,}0 \times 1{,}24 = 19{,}84\ \text{cm}^2$.

Querschnitt durch die Laschen mit Nähten $F_L \backsim 13{,}5\ \text{cm}^2$.

Gerechnet $\sigma'_S = 756\ \text{kg/cm}^2 = 100\,\%$, $\sigma'_L \backsim 1110\ \text{kg/cm}^2$.

Die Entlastung des Stabes geht am besten aus den Längsschnitten *aa* und *bb* hervor. Die Höchstspannung am Stab findet sich bei den Laschenenden, Schnitte *II* und *V*; sie ist ähnlich, wie früher schon festgestellt, beim abgerundeten Laschenende größer als beim rechteckigen (128% gegen 113%).

Der Bruch erfolgte durch die Mittelebene der Laschen bei einer Bruchfestigkeit von 3760 kg/cm² des Laschenwerkstoffes.

c) Die Spannungstrajektorien. Als Trajektorien oder Kraftlinien werden solche Linien bezeichnet, längs welchen keine Schubspannungen wirken. Sie folgen stets den Hauptspannungen ohne Rücksicht auf ihre Größe. Die Kenntnis ihres Verlaufs gehört zur Beurteilung des Spannungszustandes eines Körpers. Die weitgehende Vermessung der Dehnungen am Stab Abb. 49 erlaubt, die Trajektorien längs und quer aufzutragen, diese lassen sich aus Abb. 51 erkennen. Die Meßstellen sind durch Striche mit Doppelpfeilen gekennzeichnet, die Pfeilrichtung fällt mit der Trajektorie, deren Verlauf aus den Dehnungsmessungen rechnerisch festgelegt wurde, zusammen.

Für einen glatten prismatischen, auf einfachen Zug beanspruchten Stab besteht das Kraftfeld aus geraden Linien, parallel zur Stabachse

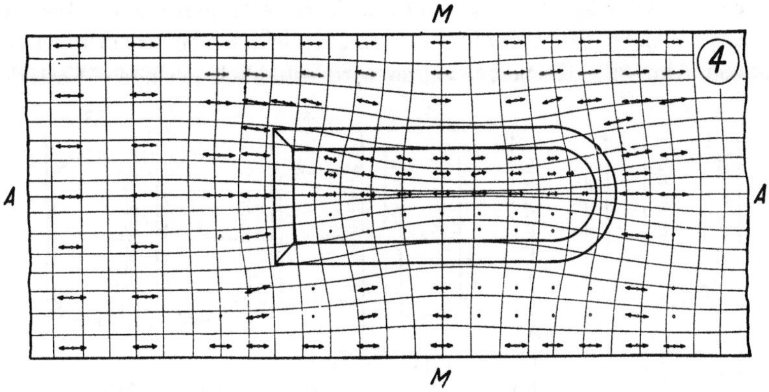

Abb. 51. Verlauf der Trajektorien von Stab Abb. 49.

gerichtet. Hat der Stab unregelmäßige Form, kommen z. B. Löcher oder Verdickungen vor, so gibt es Richtungsänderungen im Kraftlinienfluß. Beim Stab Abb. 49 bzw. 51 mit aufgeschweißten Laschen verdichten sich die Kraftlinien in der Lasche am meisten gegen die Laschenmitte zu. Die Größe der Hauptspannungen in Längsrichtung ist durch die Länge der Doppelpfeile angedeutet; sie beziehen sich auf die Oberfläche des Stabes.

Die Trajektorien in der Querrichtung stehen normal zu den Längstrajektorien, die Spannungswerte sind in Querrichtung erheblich geringer als in Längsrichtung.

2. Die Dauerfestigkeit von Laschenverbindungen.

Die Dauerfestigkeit von Laschenverbindungen war oder ist Gegenstand eingehender Untersuchungen, u. a. seien diejenigen von Graf (Stuttgart)[1], Ulrich (VGB)[2], Schaper (Dahlem)[3], Thum und Schick (Darmstadt)[4], W. Schick[5], Roš und Eichinger[6] erwähnt. Vorerst sei an die Klärung des Begriffs „Dauerfestigkeit" in Kap. 2/3 (Grundwerkstoffe) und in Kap. 8/6 (geschweißte Nähte) erinnert.

[1] Stahl u. Eisen 1933 S. 1215 — Z. VDI 1934 S. 1423.
[2] VGB, 23. Hauptversammlung, 1933.
[3] Z. VDI 1933 S. 556. [4] Z. VDI 1933 S. 493.
[5] Techn. Mitt. Krupp, März 1934.
[6] Festigkeit geschweißter Verbindungen. Zürich 1935.

Die Ergebnisse mögen in folgendem kurz zusammengefaßt werden. Die Zahl der Lastwechsel beträgt bei den meisten Versuchen 4/sec, die Spannung schwankt bei der Ursprungsfestigkeit zwischen 0 und einem oberen Wert.

Die Ursprungsfestigkeit von Flachstäben aus St. 37 mit Walzhaut und Bohrung erreicht 18 kg/mm².

Die Schwellfestigkeit guter Stumpfnähte beträgt (Anfangsspannung in diesem Fall 2 kg/mm²) $\sim$ 18 kg/mm². Sie ertragen bis $10 \cdot 10^6$ Lastwechsel. Weisen Stumpfnähte Fehler auf, wie Poren, scharfe Absätze (*15* von Abb. 52), Kerben usw., so wird erheblich geringere Festigkeit

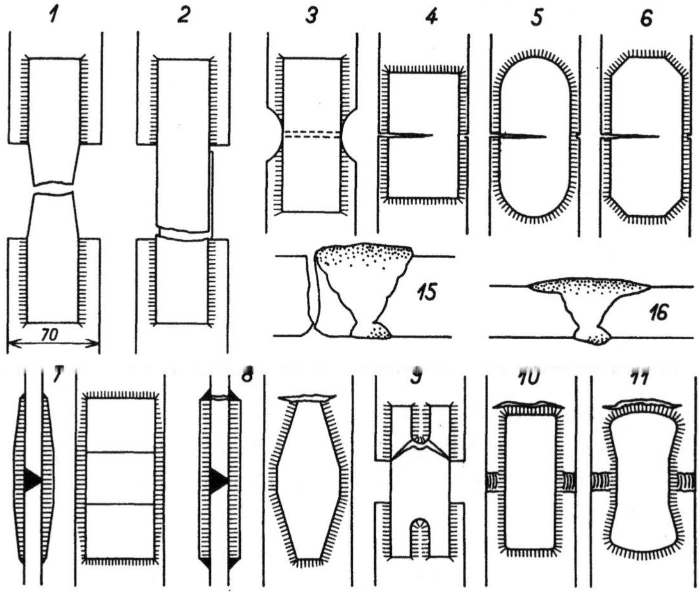

Abb. 52. Probestäbe für Dauerversuche.

erzielt, z. B. 9 kg/mm². Die Übergänge von Blech zur Naht müssen sanft sein. Die Widerstandsfähigkeit nicht nachgeschweißter V-Nähte läßt sich durch Laschen, die mit Stirn- und Flankennähten angeschlossen sind, verbessern. Die Laschen müssen an den Enden zugeschärft sein (Muster *7*).

Laschenverbindungen mit Flankennähten gemäß Zeichg. *1*, Abbildung 52, elektrisch geschweißt, ergaben beim gewöhnlichen Zugversuch $K_z = 41{,}2$ kg/mm², beim Dauerversuch einen Bruch gemäß Zeichg. *2* bei 1437000 Lastwechseln zwischen $\sigma_u = 0{,}5$ und $\sigma_o = 9$ kg/mm².

Durch Ausfräsen der verlaschten Teile bei der Trennfuge gemäß Zeichg. *3* erhöht sich die Lastwechselzahl erheblich. Nach Thum wird der Spannungsübergang auch durch die Erweiterung der Fuge verbessert.

Lange Flankennähte erzielen größere Dauerfestigkeit als kürzere (im Einklang mit den statischen Versuchen des Verfassers). Laschen, welche freie Fugen überbrücken, brechen in der in Zeichnungen *4* bis *6* angegebenen Weise bei $0{,}91 \cdot 10^6$ bis $0{,}64 \cdot 10^6$ Lastwechseln, ausgefräst $1{,}63 \cdot 10^6$ bis $3{,}17 \cdot 10^6$ Lastwechseln. Über einen Stumpfstoß geschweißte Laschen können die Dauerfestigkeit der Verbindung herabsetzen. Laschen mit Schlitznähten, Zeichg. *9*, zeigen nur wenig höhere Ursprungsfestigkeit als Laschenverbindungen mit Flankennähten.

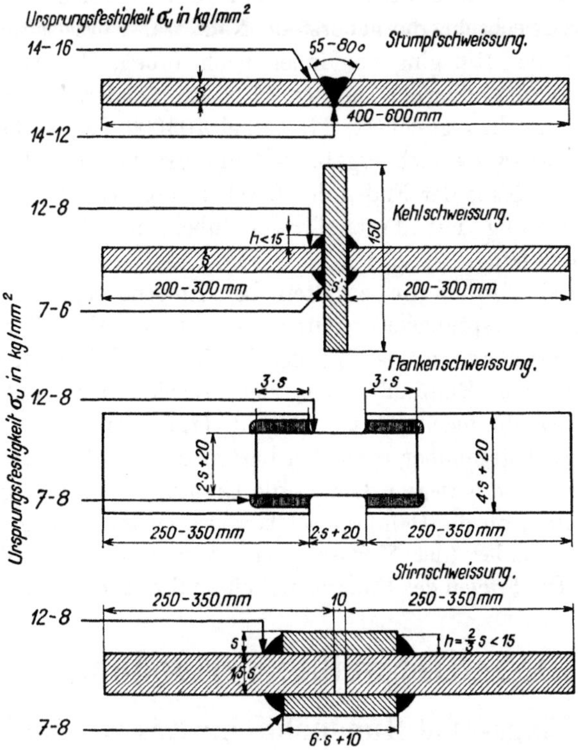

Abb. 53. Ursprungsfestigkeit einzelner Schweißverbindungen.

Mit Bezug auf die Laschenform zeigt sich diejenige gemäß Zeichg. *7* (rechteckig, an den Enden zugeschärft) einer solchen gemäß Zeichg. *8* (rhombisch zugespitzt) überlegen. Diese Feststellung bestätigt die Ergebnisse der statischen Versuche (Kap. 5, Abb. 19 bis 24). Nach Graf (Z. VDI 1934 S. 1424) lassen sich fehlerhafte Stumpfnähte durch Anbringen von Laschen vollwertig machen, wenn die Laschenenden vor allem an der Stirn durch sorgfältige Bearbeitung mit einem steten Übergang zum Blech versehen werden. Im Fall der Verbindung *2*, Abb. 52, z. B. sind hohe Spannungsschwellen unvermeidlich wegen rohen Übergängen an den Enden der Flankennähte gegen die Stabmitte hin (vgl. Abb. 24). Dem U-Profil für die Laschen und schrägen Nähte an den Enden derselben kommen nach Graf gewisse Vorzüge zu. Auch bei Stumpfnähten ist die schräge Richtung vorzuziehen.

Nach Versuchen von Ulrich erhalten die Stäbe mit Laschen Dauerbrüche bei den Laschenenden, ob die Laschen an den Enden rechteckig (*10*) oder fächerförmig ausgebreitet (Höhn - Mefi - Laschen, Zeichg. *11*) sind. Beim Wechsel-Wasserdruckversuch (p-Wechsel 12 bis 75 kg/cm²) ändert sich jedoch das Bild. Ein Probebehälter mit zwei Stumpfnähten als Längsnähte, nicht laschengesichert, brach bei 156780 Lastwechseln, die geborstene Naht war wurzelseitig gut nachgeschweißt, der Riß ging von innen nach außen, Ursprung desselben in einer Einbrandkerbe (Zeichg. *15*). Ein anderer Behälter, mit Höhn-Mefi-Laschen gesichert, brach bei 203000 Lastwechseln, wobei das Bemerkenswerte sich ergab, daß die Brüche im vollen Blech in unmittelbarer Nähe der Enden der Laschen ihren Ursprung nahmen (in Übereinstimmung mit Feststellungen über den Spannungszustand Abb. 49 und 50).

Roš und Eichinger erhalten bei Anwendung von 300 Lastwechseln/min Ursprungsfestigkeiten, wie in der Abb. 53 angegeben[1].

Zusammenfassend ist bei der Prüfung auf Dauerfestigkeit die außerordentliche Empfindlichkeit der Verbindungen mit schroffen Querschnittsänderungen hervorzuheben (Kap. 0/5). Nach Vorschlag von Graf[2] ist gegenüber ruhenden Lasten die Streckgrenze des Werkstoffs, gegenüber bewegten Lasten die Ursprungsfestigkeit maßgebend. Die Ansichten, ob die Dampfkessel bewegte Lasten zu ertragen haben, gehen auseinander (der Verfasser hat in Kap. 8, S. 70 Stellung genommen). Die Fragen der Dauerfestigkeit sind z. Z. nicht restlos geklärt.

IV. Geschweißte Verbindungen.

12. Die Längs- und Rundnähte im Kessel- und Rohrbau.

Nach den einleitenden Abschnitten, deren Ausführungen zur Beurteilung von geschweißten Verbindungen unentbehrlich sind, sei zur Behandlung der einfachsten Anwendungen übergegangen.

1. Anordnung und Festigkeit der Längsnähte.

Im Kessel- und Behälterbau ist zwischen Längs- und Rundnähten, bei diesen zwischen Schuß- und Bodenrundnähten zu unterscheiden. Für die Längsnähte ist das Stumpfprofil allgemein gebräuchlich (über die verschiedenen Nahtprofile vgl. man Kap. 4).

---

[1] Schweiz. Arch. angew. Wiss. u. Technik 1935 S. 39 (Solothurn).

[2] Stahl u. Eisen 1933 S. 1219.

Auf die Längsnähte wirken außer den bekannten Hauptspannungen die noch wenig erforschten Schrumpfspannungen, außerdem Biegungsspannungen, sofern die geschweißten Trommeln Unregelmäßigkeiten in der Rundung aufweisen, Abb. 34. Durch Stützen, Keile usw. sucht man oft im Werk die runde Form zu erzwingen. Besser wäre beim Schweißen ein Vorgehen, wobei Verkrümmungen vermieden werden, wie in Kap. 7 angedeutet.

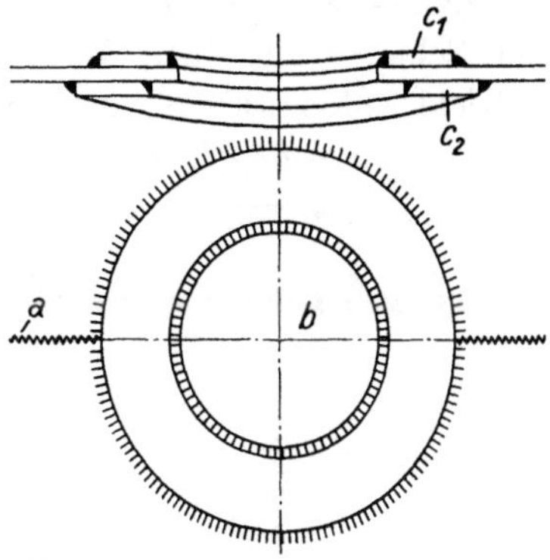

Abb. 54. Anordnung einer Längsnaht *a* bei einem Trommelschuß mit Ausschnitt, *c* die Verstärkung des Randes.

Setzt sich eine Kesselschale aus mehreren Schüssen zusammen, so sollten die einzelnen Längsnähte gegeneinander versetzt werden, um an den Enden die Anhäufung von Schrumpfspannungen zu vermeiden. Weist ein Schuß einen Ausschnitt auf, z. B. einen solchen für ein Mannloch, so können die Längs- und auch die Rundnaht in die Symmetrielinien des betr. Ausschnittes verlegt werden, mit der Bedingung, daß der Rand des Ausschnittes ausreichend verstärkt wird, Abb. 54. Mit einer solchen Anordnung ist der Vorteil einer Verkürzung der Nähte verknüpft.

Überlappte Längsnähte sind zu vermeiden, hier muß auf die erheblichen Biegungsspannungen, die bei dieser Anordnung auftreten, hingewiesen werden. Ein Beispiel, Abb. 55, zeigt die Größenanordnung solcher Spannungen, festgestellt durch Dehnungsmessungen[1]. Der Probebehälter hatte 586 mm Innendurchmesser und 6 mm Blechdicke. Die festgestellten Beanspruchungen A (ausgezogene Linien) erreichen ein Mehrfaches der gerechneten Spannungen B (gestrichelt). Der Spannungsverlauf ist, wie auch bei andern Messungen festgestellt, von einer Störungsstelle aus wellenförmig über die Zylinderfläche.

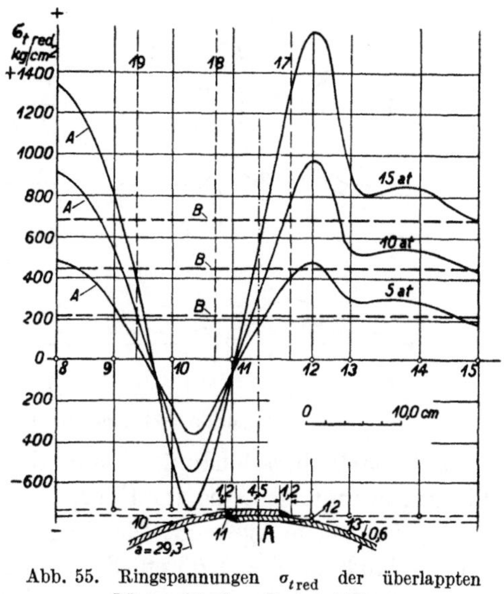

Abb. 55. Ringspannungen $\sigma_{t\,red}$ der überlappten Längsnaht eines Probebehälters.

[1] Festigkeit elektrisch geschweißter Hohlkörper. Berlin: Julius Springer.

2. Rundnahtverbindungen im Kessel- und Behälterbau.

Die einfachste und daher gebräuchlichste Rundnahtverbindung wird durch die Stumpfnaht *1* bzw. *2* von Abb. 56 gebildet; Zeichg. *1* zeigt die Verbindung von zwei Kesselschüssen untereinander, *2* diejenige eines Schusses mit einem Boden.

Nicht selten wird für die Bodenbefestigung die überlappte Verbindung, *3* von Abb. 56, vorgezogen, hierauf ist noch zurückzukommen.

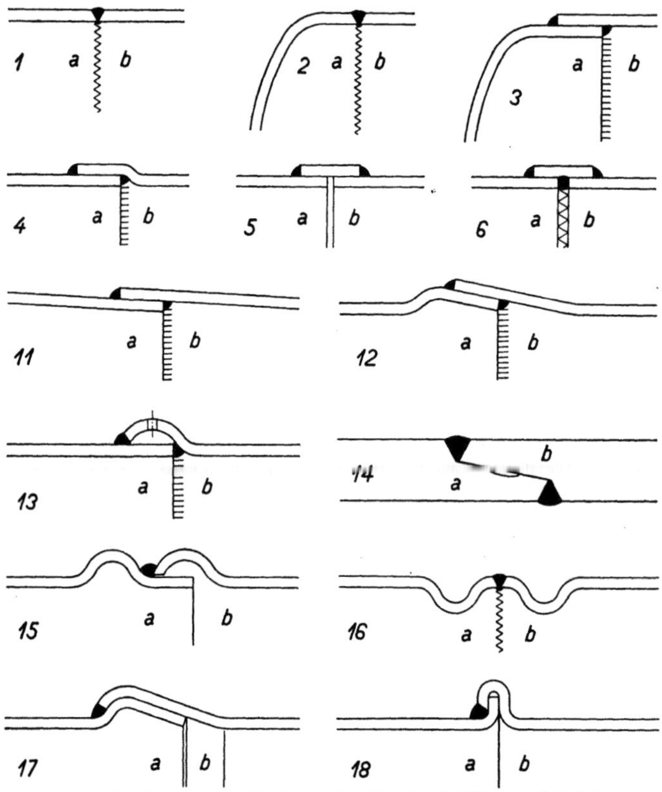

Abb. 56. Rundnahtverbindungen im Kessel-, Behälter- und Rohrbau.

a) Stumpfnahtverbindung, *2* von Abb. 56. Zur Beurteilung sind die Biegungsspannungen, die im Übergang von Böden zur Zylinderschale stets auftreten, maßgebend. Die Frage ist zu prüfen, an welcher Stelle der Verbindung die größten Spannungen (Zug und Biegung) auftreten. Die von den Böden ausgehenden Zusatzspannungen sind um so größer, je flacher die Böden gewölbt sind bzw. je enger die Krempe ist[1, 2]. Der Spannungsverlauf wird in Abb. 57 am Beispiel eines Bodens

[1] Mitt. KWInst., Abhandlungen über die Anstrengung gewölbter Kesselböden, Nr. 59, 60, 62, 73 (Siebel u. Körber).

[2] Höhn: Festigkeit der gewölbten Böden und der Zylinderschale. Berlin: Julius Springer.

mit besonders enger Krempe (Tiefenverhältnis $a : b = 4{,}2$, Krümmungsverhältnis $r : R = 0{,}024$) wiedergegeben, σ_m und σ_a sind Meridianspannungen, σ_u und σ_t Ringspannungen. Die Lage der Naht ist durch Zick-

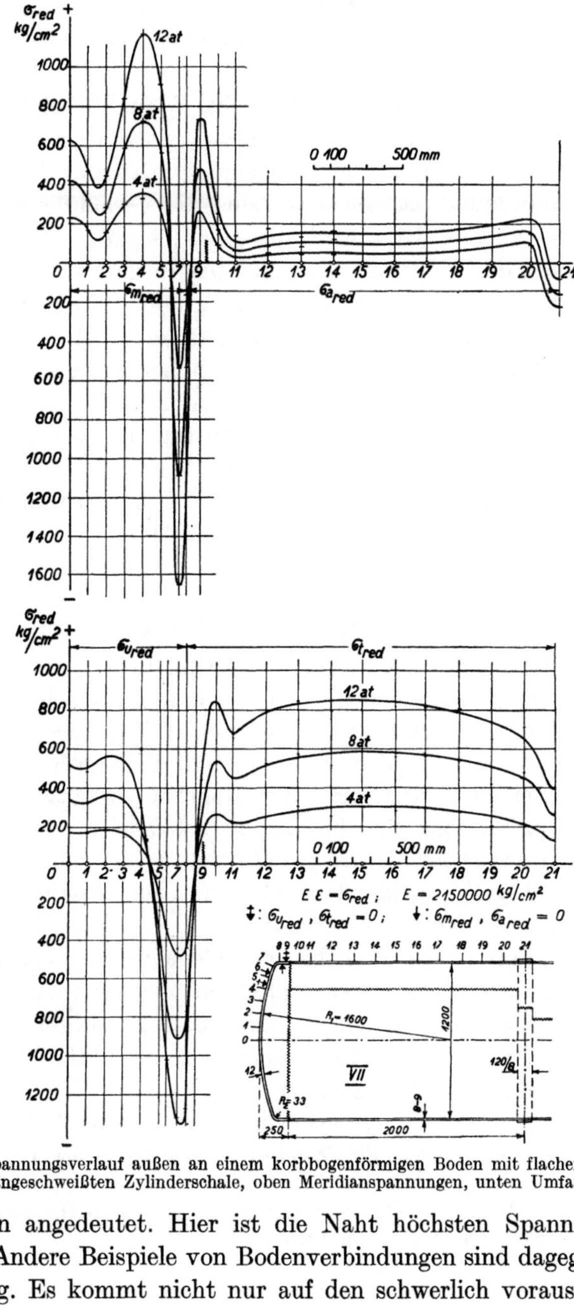

Abb. 57. Spannungsverlauf außen an einem korbbogenförmigen Boden mit flacher Wölbung und der stumpf angeschweißten Zylinderschale, oben Meridianspannungen, unten Umfangsspannungen.

zacklinien angedeutet. Hier ist die Naht höchsten Spannungen ausgesetzt. Andere Beispiele von Bodenverbindungen sind dagegen weniger ungünstig. Es kommt nicht nur auf den schwerlich vorauszusehenden

Spannungsverlauf, sondern auch darauf an, ob der zylindrische Ansatz am Boden lang oder kurz ist. Die Ergebnisse der zahlreichen Messungen sind nicht so eindeutig, daß eine bestimmte Regel für die Lage der Naht bzw. eine bestimmte Länge des zylindrischen Bodenansatzes empfohlen werden könnte, um die Spannungen der Nähte auf einen Mindestwert einzuschränken.

b) Überlappte Anordnung der Rundnaht. Während bei Längsnähten mit überlappter Anordnung ein erhebliches Biegungsmoment (zu berechnen gemäß Kap. 25) in die Erscheinung tritt und daher von der genannten Anordnung abgesehen ist, sind die Verhältnisse bei Rundnähten etwas andere. Hier wird die Durchbiegung infolge der Biegungssteifigkeit der Wölbung gehemmt. Die Biegungsspannungen sind entsprechend geringer. Je größer die Krümmung ($1/r$), desto größer wird die Biegungssteifigkeit[1]. Anordnungen gemäß Abb. 56/*3* können daher empfohlen werden, und es ist darauf hinzuweisen, daß die Kräfte von zwei Nähten aufgenommen werden, was die Sicherheit erhöht. Die Länge der Überlappung darf nicht zu kurz bemessen werden, $6 \times s$ bei dünneren bis $4 \times s$ bei dickeren Blechen.

Ziemlich häufige Anwendung findet die Überlappung im Schiffsbau, auch in Ausführungen gemäß *4* und *11* von Abb. 56, obwohl Stumpfnähte vorzuziehen sind[2].

3. Die Rundnähte im Rohrbau.

Es ist zu unterscheiden zwischen den Verbindungen größerer Röhren, die im Innern zugänglich sind und innen und außen geschweißt werden können, und den Rohrkupplungen (Kap. 17). Während die Verbindungen *1* bis *6*, Abb. 56, dem Rohrbau und Behälterbau gemeinsam sein können, bleiben *11* bis *18* mehr dem Rohrbau vorbehalten. Laschensicherungen im Rohrbau sind in Kap. 17 behandelt.

Verbindungen gemäß Vorlage *11* sind wenig gebräuchlich, die Enden sind kegelig ineinandergeschoben. Die Spiralgehäuse der Wasserturbinen werden so geschweißt.

Die Vorlagen *12* bis *18* haben das Gemeinsame, daß die Enden so geformt sind, daß die einzelnen Röhren leicht zusammengestoßen werden können, was die Zusammensetzung an Ort und Stelle erleichtert. Die Vorlage *12* ist der bekannten genieteten Konstruktion von Mannesmann nachgebildet; ähnlich auch *17*.

Die Vorlagen *13* und *14* betreffen Rundnähte in Verbindung mit Hohlräumen[3] zum Zweck, die Wasserdruckprobe eines Rohrstranges

---

[1] Schrifttum: Meissner: Zur Festigkeitsberechnung von Hochdruck-Kesseltrommeln. Schweiz. Bauztg. 4. Juli 1925.

[2] Z. VDI 1933 S. 721.

[3] Dem Haus Gebr. Sulzer AG., Winterthur, patentiert.

zu erleichtern, das Füllen eines ganzes Stranges mit Wasser erübrigt sich. Vorlage *14* ist für größere Wanddicken anwendbar.

Die Vorlagen *15* bis *18* gelten für Rohrverbindungen, die in Längsrichtung etwas federn sollen, hierzu dienen die Federungs- (Expansions)-Wellen[1]. Es ist nötig, diese nach dem Bördeln zu glühen.

4. Die Berechnung der Längs- und Rundnähte.

a) Längsnähte. Die Art der Berechnung ist in den meisten Kulturstaaten behördlich geregelt, danach hat sich der Kesselersteller zu richten. Für Zylinderschalen ist der Aufbau der Rechnung in der Regel der folgende [entsprechend Kap. 3, Formel (8)]

$$s = \frac{D p x}{200 K_n \nu} + 1 \text{ (mm)}.$$

D Innendurchmesser mm, p Betriebsüberdruck kg/cm², x Sicherheitsgrad, K_n Berechnungsfestigkeit kg/mm², ν Festigkeitsverhältnis Naht/Blech, Wert <1. Die Werte sind den betr. Vorschriften zu entnehmen. Für freie Berechnung vergleiche man die Ausführungen von Kap. 4/6. Bei der Bewertung von ν ist die Vermehrung des Querschnittes durch den Nahtwulst (Überhöhung) zu vernachlässigen. Diese Ausführungen nehmen Bezug auf normale Stähle, bei Sonderstählen kann der Zuschlag meistens weggelassen werden.

b) Auf die Berechnung der **Rundnähte** wird in der Regel verzichtet, die Dicke ist aus praktischen Gründen diejenige des Bleches, wie bei den Längsnähten, obwohl gemäß der Theorie die Rundnähte nur zur Hälfte beansprucht sind. Es ist jedoch auf die Zusatzspannungen hinzuweisen, die bei den Rundnähten oft ganz erheblich sind. Auf die Biegungsspannungen, welche durch die Krempen der Böden auf die nächstliegenden Rundnähte ausgeübt werden, ist in Abb. 57 hingewiesen worden. Durch die Lagerung bzw. die Reaktionskräfte der Widerlager der Behälter werden ebenfalls Zusatzspannungen wachgerufen. Weit höherer Größenordnung können die Spannungen infolge ungleicher Wärmedehnungen werden, z. B. durch die Wärmeschichtung im Wasser einer Kesselwalze (Lokomotivkessel beim Anheizen). Infolge ungleicher Temperatur verbiegt sich die Kesselwalze. Diese Krümmung bildet die Ursache von Undichtheiten und Bruchbildungen bei vielen Rundnähten genieteter Kessel. In der Beziehung erweisen sich die Rundnähte als stärker gefährdet als die Längsnähte. Diese Erscheinungen veranlassen dazu, bei Rundnähten einen genügend hohen Sicherheitsgrad vorzuschlagen, wenn es Kehlnähte sind, $x = 10$ bis 15.

---

[1] Konstruktion G. Kuntze GmbH., Süssen, vgl. Ausgewählte Schweißkonstruktionen Bd. 3. Berlin.

13. Die Verstärkung von Lochrändern.

1. Bemerkungen über den Spannungszustand der Lochränder.

Die Ränder von Ausschnitten in den Wänden der Hohlkörper mit Innen- (Außen-) Druck müssen versteift werden, ein Grundsatz, der durch das Auftreten erhöhter Spannungen gegeben ist, und der nur bei kleinen Löchern oder erheblichem Blechüberschuß vernachlässigt werden darf. Am Rand eines kreisrunden Loches einer ebenen Platte von unendlicher Ausdehnung ist die Spannung[1], wenn q die Größe des Zuges der Längeneinheit bedeutet:

$$\sigma_r = \frac{q}{2}\left[1 - \frac{a^2}{r^2} + \left(1 - \frac{4\,a^2}{r^2} + \frac{3\,a^4}{r^4}\right)\cos 2\varphi\right],$$

$$\sigma_t = \frac{q}{2}\left[1 + \frac{a^2}{r^2} - \left(1 + \frac{3\,a^4}{r^4}\right)\cos 2\varphi\right].$$

Wir wollen die drei hiernach bezeichneten Fälle a), b) und c) unterscheiden.

Werte von σ_t für die Stellen		A u. B	C u. D (Abb. 58)	
Fall a.	$q_y \neq 0 \quad q_z = 0$	$-q$	$+3q$	offenes Rohr.
Fall b.	$q_y = \frac{1}{2} q_z$	$+\frac{1}{2} q$	$+2\frac{1}{2} q$	geschlossene Trommel.
Fall c.	$q_y = q_z$	$+2q$	$+2q$	Böden mit zentralem Mannloch.
	σ_r ist stets $= 0$			

Mit einiger Annäherung kann Fall a als derjenige eines sehr großen offenen Rohres bezeichnet werden, Fall b als derjenige eines großen durch Böden abgeschlossenen zylindrischen Behälters, c findet Anwendung auf die Hohlkugel, jedoch auch auf beliebig gewölbte Böden mit zentralem Mannloch. Für diese Fälle sind die Spannungen σ_t in den Punkten A und B sowie C und D eines kreisrunden Mannloches, Abb. 58, oben zusammengestellt, es sind Höchstwerte. Es ergibt sich, daß die Bruchgefahr am Mannlochrand etwas geringer ist bei einer durch Böden abgeschlossenen Trommel (Fall b) als bei einem offenen, in Stopfbüchsen gelagerten Rohr (Fall a). Die zwei Stellen größter Beanspruchung liegen auf dem nämlichen Durchmesser quer zur Richtung des größten Zuges. Daraus ergibt sich, daß elliptische

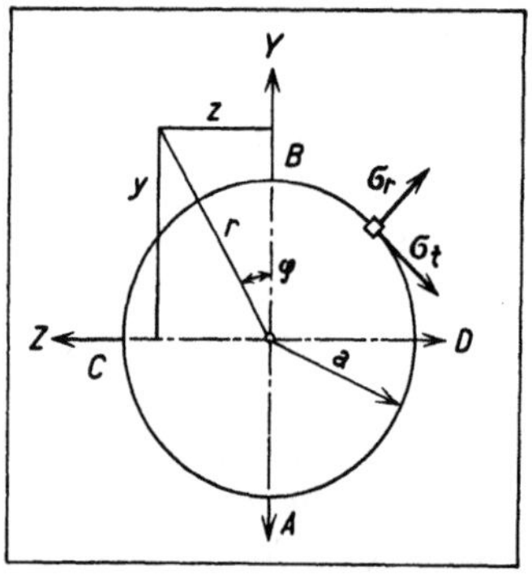

Abb. 58. Spannungen an einem Mannloch.

[1] Nach Kirsch, vgl. Föppl: Drang u. Zwang I.

Mannlöcher mit der großen Achse in die Richtung der Ringtangente gestellt werden sollten.

Die Theorie findet sich grundsätzlich bestätigt durch die Messungen von Preuss an Zugstäben mit Löchern verschiedener Größe[1], man vergleiche die Ausführungen S. 50.

Bei diesen Betrachtungen wurden die Zusatzspannungen, die auf den Rand des Ausschnittes wirken, vernachlässigt, z. B. die Spannungen in der Achsrichtung eines Domes. In Wirklichkeit müssen die Spannungen der Schale und diejenigen des Domrandes zu Resultierenden vereinigt werden (Kap. 24, Abb. 101).

Nicht nur die Löcher, auch die Versteifungsrahmen, welche als Verdickungen zu betrachten sind, führen Störungen im Kraftfeld herbei. Nach Palmblad[2] ist bei einer unendlichen Scheibe mit einer kreisrunden unelastischen Verdickung mit a als Halbmesser und Spannung q je Längeneinheit

$$\sigma_r = q\left(1 + \frac{a^2}{r^2}\,\frac{m-1}{m+1}\right), \qquad \sigma_t = q\left(1 - \frac{a^2}{r^2}\,\frac{m-1}{m+1}\right),$$

$$\sigma_{r\,\max} = 1{,}5q\,.$$

Für die Fälle der Praxis vergleiche man die Ergebnisse der Messung, Abb. 61 und 65.

2. Die Versteifungsmöglichkeiten.

Ränder von Ausschnitten können auf verschiedene Weise versteift werden, Vorschläge hiezu sind in Abb. 59 ordnungsgemäß zusammengestellt.

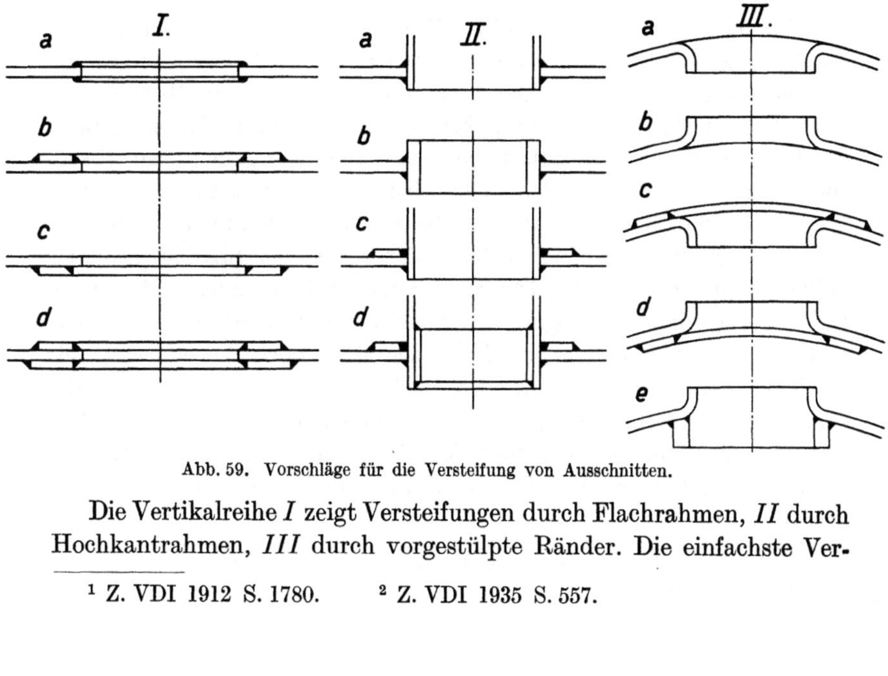

Abb. 59. Vorschläge für die Versteifung von Ausschnitten.

Die Vertikalreihe *I* zeigt Versteifungen durch Flachrahmen, *II* durch Hochkantrahmen, *III* durch vorgestülpte Ränder. Die einfachste Ver-

[1] Z. VDI 1912 S. 1780. [2] Z. VDI 1935 S. 557.

steifung bei *I* wird durch Schweißraupen gebildet, die den Rändern des Ausschnittes entlang gezogen werden. Schon diese Raupen ändern den Spannungszustand der Platte, die Art ist aber zur Zeit nicht bekannt, *b* und *c* zeigen einfache Flachrahmen, *d* Doppelrahmen. Verschiedene Formen der Ausführung sind in Abb. 60 zusammengestellt. Die Ausführungen dieses Abschnittes werden durch solche von Kap. 14 ergänzt.

In der Vertikalreihe *II* von Abb. 59 sind Hochkant-Verstärkungsrahmen angegeben. Ein in die Kesselschale eingeführtes und mit dem Lochrand verschweißtes Rohr, *a*, kann allein schon als Verstärkung dienen, bei *c* ist diese verdoppelt durch Anbringen eines Flachrahmens. *IIb* zeigt als einzige Verstärkung einen dicken Hochkantrahmen, wobei angenommen wird, daß der Zusammenhalt von Lochwand und Rahmen durch ein einziges Nähtepaar — das entsprechend kräftig gehalten werden muß — genügend gewahrt wird. *IId* läßt eine weitere Steigerung in der Bestrebung, die Versteifungsfrage durch die gleichzeitige Anwendung von Hochkant- und Flachrahmen zu lösen, zum Ausdruck kommen. Wir werden bei der Besprechung der Verbindung von Dampfdomen mit den Kesselschalen Näheres kennenlernen.

Ein Urteil darüber, ob einem Hochkantrahmen gemäß Reihe *II* Abb. 59 oder einem Flachrahmen gemäß Reihe *I* der Vorzug zu geben sei, kann heute noch nicht allgemein abgegeben werden mit der Begründung, daß diese besonderen Festigkeitsfragen noch nicht genügend abgeklärt sind. Auch die Preisfrage ist zu berücksichtigen. In vielen Fällen ist der Ersteller auf rein gefühlsmäßiges Urteil angewiesen.

Abb. 59/*III* zeigt vorgestülpte Mannlochränder, eine Versteifung, die lange Zeit als genügend erachtet wurde, heute weiß man, daß die Wirkung gering ist. Der Spannungszustand von Mannlöchern mit vorgestülpten Rändern bei Böden ist vom KWInst.[1] geprüft worden. Bei Böden mit kugelförmiger Wölbung ergaben sich Rundspannungen, welche vom Zweifachen bei kleinen Ausschnitten bis zum Fünffachen der Membranspannung bei großen Ausschnitten anstiegen. Bei exzentrisch angeordneten Mannlöchern ist der Spannungsanstieg größer als bei zentrischen. Die Spannungen auf der langen Mannlochachse übertreffen diejenigen auf der kurzen um rd. 50%. Siebel schlägt vor, die Böden in der Nähe des Mannloches kegelförmig auszubilden, der Mannlochrand wird nach außen vorgestülpt, auf der Innenseite wird ein Hochkant-Verstärkungsrahmen angeschweißt[2], Abb. 59/*IIIe*. Bei gewöhnlichen Mannlöchern, z. B. solchen vorhandener Böden, können gemäß Abb. 59/*IIIc* und *d* Flachrahmen angebracht werden.

[1] Mitt. Nr. 59, 60, 62, 73, Körber u. Siebel, Düsseldorf.

[2] VGB-Mitt. Nr. 48.

3. Praktische Ausführungen.

Verschiedene Arten der Ausführung von Versteifungen sind in Abb. 60 angegeben, die Darstellung macht indessen keinen Anspruch auf Vollständigkeit. *1* und *2* einseitige, *3* und *4* doppelte Flachrahmen, wobei die äußeren Nähte gegeneinander verschoben werden, damit sie nicht unmittelbar einander gegenüber liegen. Die Größe der Nähte ist in der Zeichnung zwar gleichgehalten, dagegen ist nicht bekannt, in welchem Maß die Spannungen, die ein Rahmen aufzunehmen hat, auf die innere und äußere Naht verteilt sind, anschauungsgemäß ist die innere Naht höher beansprucht. Über die Größe der Nähte haben wir uns wieder-

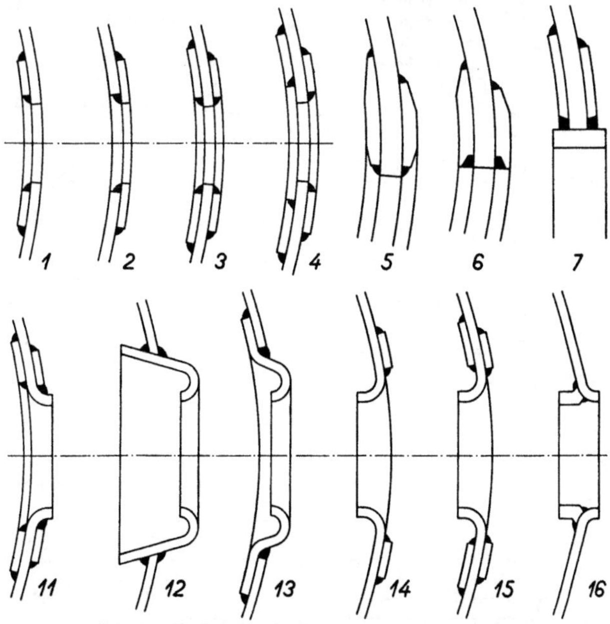

Abb. 60. Praktische Ausführung von Versteifungen.

holt ausgesprochen, übermäßige Größe ist nicht von Vorteil. Bei *4* ist der untere (linke) Rahmen zurückgesetzt, die innere Naht hinterstochen, zum Zweck, Raum zu schaffen für den Mannlochdeckel. Den oberen (rechten) Rahmen zum nämlichen Zweck vorkragen zu lassen, empfiehlt sich nicht. In der Regel wird man die Flachrahmen weniger dick halten als das Schalenblech, z. B. $\frac{2}{3}\,s$.

Feste Versteifungen bedingen dicke Flachrahmen, wie bei *5* und *6* angegeben. Solche Rahmen müssen gegen die Nähte hin zugeschärft werden, wie in Kap. 5 (Abb. 15/*10*) begründet.

Der Hochkantrahmen Abb. 60/*7* ist durch zwei Flachrahmen in der verstärkenden Wirkung erhöht. Jede der innern Nähte hält Hochkantrahmen, Schalenblech und Flachrahmen zusammen. Weitere Ausführungen von Hochkantrahmen sind in Kap. 15, Abb. 63, angegeben.

Abb. 60/*12* bis *13* zeigen die Verwendung von gepreßten Mannlochrahmen, für leichtere Kessel zulässig. In *11* sowie *14* bis *15* ist die Verstärkung vorgestülpter Mannlochränder der Böden durch Flachrahmen angedeutet, wie früher besprochen, *16* ist die Ausführung des Vorschlages *IIIe*, Abb. 59.

4. Durch Messung festgestellte Spannungen.

Abgesehen von den eingangs erwähnten allgemeinen theoretischen Richtlinien über den Spannungszustand der Ränder von Ausschnitten

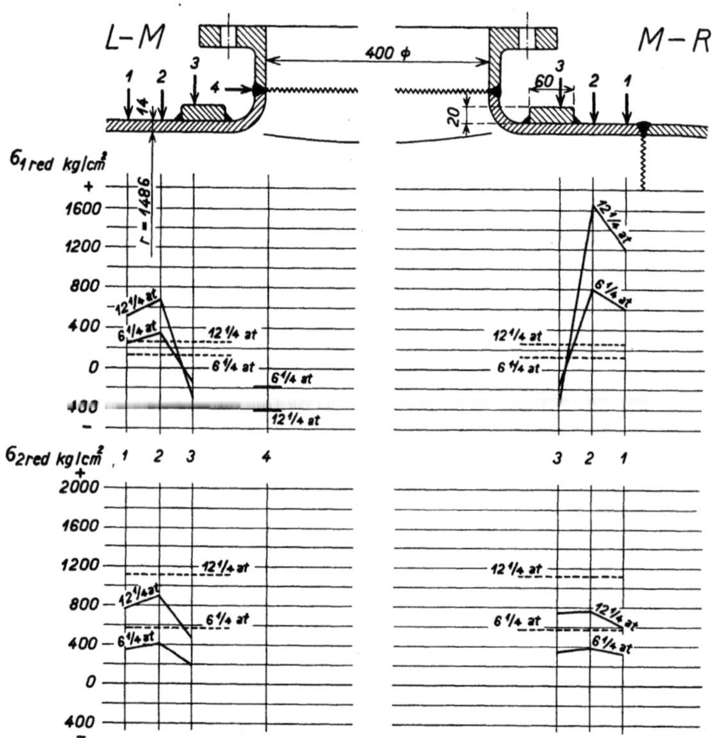

Abb. 61. Reduzierte Spannungen am Mannlochausschnitt eines Behälters, *L—M* gegen den zylindrischen Teil, *M—R* in der Nähe des Bodens.

und der Arbeiten des KWInst. im Gebiet der vorgestülpten Mannlochränder der Böden (Siebel) ist wenig oder nichts bekannt. Es ist nicht ohne Wert, weitere Arbeiten auf diesem Gebiet bekanntzugeben, z. B. die Ergebnisse von Messungen des SVDB an einem vorgestülpten Schalenrand, mit Flachrahmen versteift, Abb. 61. Die gestrichelten Linien bedeuten die für die Schalenwand gerechneten Spannungen. Der Erfolg der Vertiefung durch einen Flachring ist am Verlauf der Linienzüge der red. Spannungen längs ($\sigma_{1\,\mathrm{red}}$) und tangential ($\sigma_{2\,\mathrm{red}}$) zur Zylinderfläche ersichtlich, die Spannungen auf dem Ring sind gering, dagegen ist ein Ansteigen der Spannungen im Blech vor dem Verstärkungsring festzustellen. Dies deutet auf die Notwendigkeit hin, dicke Ringe bei den Kehlnähten zuzuschärfen. Der Spannungsanstieg $\sigma_{1\,\mathrm{red}}$ rechts ist zum Teil dem Biegungseinfluß der Bodenkrempe zuzuschreiben.

14. Scheiben und Naben.

Die Scheiben, oft auch Flansche genannt, werden an irgendeiner Stelle am Hohlkörper angebracht, die Naben, die zur Befestigung von Wellen mit dem Hohlkörper dienen, sind meistens in seiner

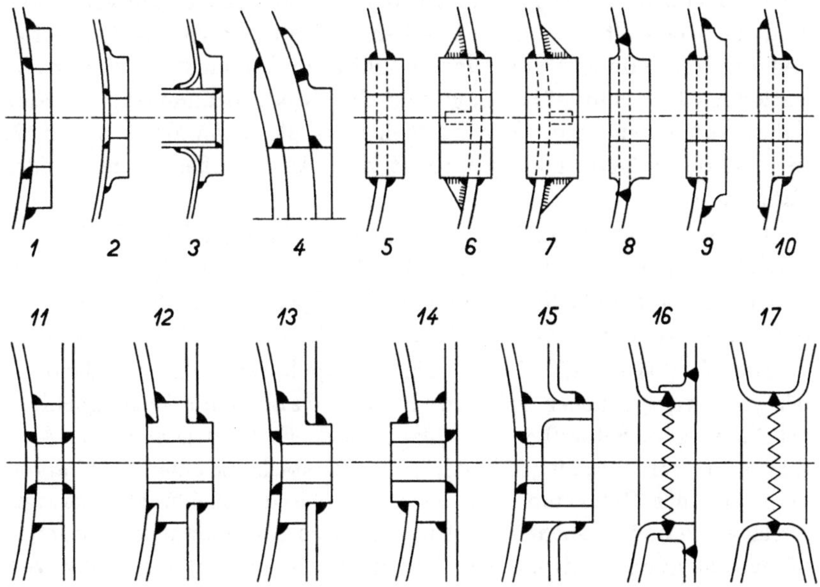

Abb. 62. Vorlagen für die Befestigung von Scheiben und Naben an Behälterwände.

Achse angeordnet. Die Ränder der Ausschnitte müssen versteift werden, wie schon in Kap. 13 betont. Der nachfolgenden Beschreibung der verschiedenen Möglichkeiten, Scheiben und Naben zu befestigen, ging eine Festigkeitsprüfung, die sich allerdings nur auf einige Muster erstreckt, voran (Kap. 10, Abb. 45). Die Art, wie Scheiben und Naben an Behälterwände befestigt werden können, ist manigfaltig, ein Bild hierüber gibt Abb. 62. Der grundsätzliche Unterschied zwischen beliebig an der Zylinderschale angebrachten Scheiben und solchen, die in der Achse angebracht sind — also auch der Naben —, besteht darin, daß diese als Rotationskörper leicht auf der Drehbank hergestellt werden können, jene aber an eine beliebige Fläche angepaßt werden müssen. Eine dritte Art bilden die durch das Blech hindurchgesteckten Scheiben.

Vorlage *1* zeigt die gewöhnliche Ausführung einer Scheibe oder eines Dampfkesselflansches, bestimmt zur Anbringung eines Gegenflansches, etwa einem Ventil angehörend; über die Festigkeit vergleiche man Abb. 45/*3* und die bezügl. Ausführungen. Vorlagen *2* und *3*, Abb. 62, bringen die Art der Befestigung einer Scheibe an eine dünne Wand, *4* an eine besonders dicke Wand. Bei *3* ist für gleichmäßigen Wärmeabfluß gesorgt, bei *4* übernehmen drei Nähte der Scheibe den Verband mit der besonders dicken Schale.

Bei den durch das Schalenblech hindurchgesteckten und beiderseitig angeschweißten Scheiben *5* bis *7* wird der Zweck der Scheiben- oder Nabenbefestigung mit einfachsten Mitteln erreicht, am geringsten sind die Kosten bei *5*, dagegen erhebt sich die Frage, ob die Festigkeit der Verbindung *5* auch immer genügt im Hinblick auf die unvermittelten Querschnittsübergänge und die Zusatzspannungen, die stets damit verbunden sind. Höhere Sicherheit als *5* gewähren *6* und *7*, hier ist die Scheibenhöhe genügend zum Anschweißen ausreichender Rippen.

Die Scheiben *8* bis *10* sind Drehkörper, über die Festigkeit von *8* vergleiche man Kap. 10 (Abb. 45/*4*). Zu den zuverlässigsten Verbindungen gehören unbedingt *9* und *10*. Die Spannungen übertragen sich durch zwei Nähte also in zwei Stufen. Insbesondere ist *10* zu empfehlen.

Die Vorlagen *11* bis *16* zeigen Kupplungsstücke von Doppelböden in verschiedener Spielart. Bei der Wahl ist die Zugänglichkeit der Nähte zum Schweißen ausschlaggebend. Es trägt gemäß den Ausführungen von Kap. 9 (Abb. 43/*1*) zur Verstärkung einer Verbindung bei, wenn der Rand um eine gewisse Höhe die Kehlnaht überragt. Vorlagen *16* und *17* suchen die Aufgabe durch Anwendung von Stumpfnähten zu lösen. — Über das Grundsätzliche in der Gestaltung von Doppelböden, die untereinander zu kuppeln sind, sei auf Kap. 18, Abb. 74, verwiesen.

15. Verbindungen röhrenförmiger Hohlkörper.

1. Gebördelte Verbindungen.

Zu den einfachsten Verbindungen zweier Röhren gehört die unter *1*, Abb. 63, dargestellte. Der Lochrand wird vorgestülpt, die Röhre, die anzufügen ist, am Rand angeschweißt. An der Durchtrittsstelle ist die Wand der größeren Röhre geschwächt. Der Spannungszustand bzw. die Verschwächung ist durch Ulrich[1] geprüft worden. Der Verschwächungsfaktor

$$z = \frac{\text{Beanspruchung im vollen Blech}}{\text{Beanspruchung am Stutzen}}$$

[1] VGB-Hauptversammlung, Berlin 1932.

läßt sich der Abb. 64 entnehmen, wobei die Abszissen das Verhältnis Stutzen $d/$Mantel D angeben. Dies deutet darauf hin, daß es wesentlich ist, Ausschnitt samt Bördelung zu versteifen, wie dies in Abb. 63/*2*

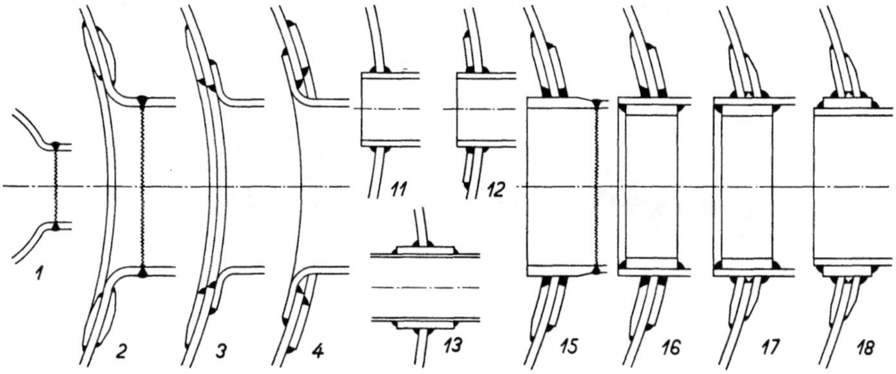

Abb. 63. Verbindungen röhrenförmiger Hohlkörper.

für einen Domanschluß gezeigt ist. Die Sicherheit wird erst durch die Versteifung genügend.

Der Fall *2*, Abb. 63, die Wand der großen Röhre (z. B. einer Kesselschale) zu bördeln und die kleine Röhre (Dom) anzufügen, ist wenig gebräuchlich, man zieht es gelegentlich vor, die kleine Röhre zu bördeln und, ähnlich wie in Vorlagen *3* und *4*, Abb. 63, gezeigt ist, anzuschließen. Die Verbindung von Dom mit Schale gemäß *4* bietet erheblich größere Sicherheit als bei *3*.

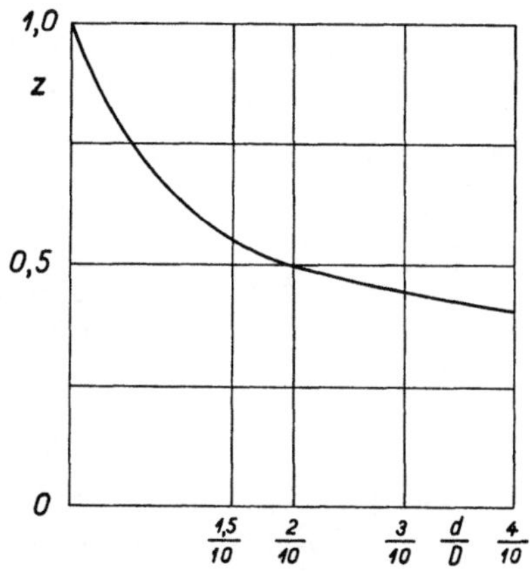

Abb. 64. Verschwächungsfaktor z bei Verbindungen gemäß Abb. 63/*1*.

2. Ungebördelte Verbindungen, Gruppe Rohranschlüsse, Dome.

Als einfachste Verbindung dieser Art ergibt sich Vorlage *11*, Abb. 63, wobei die eine Röhre durch die Wand der anderen durchgesteckt und beidseitig verschweißt ist. Durch das Rohrende wird der Ausschnitt allein schon etwas versteift, nur soll das Ende etwas in den Raum vorragen, man kann auch gemäß *12* einen Flachrahmen zur Erhöhung der Sicherheit anschweißen. Zur Einführung dünner Röhren durch starke Wände empfiehlt sich die Verbindung *13*, sie ist nachgiebiger als beispielsweise *11*, trotzdem ist der Ausschnitt besser versteift. Die Nähte zur Befestigung dünner Röhren dürfen nicht zu stark gemacht werden, als Faustregel kann angenommen werden: h (Nahthöhe, Kathete) $= s$ (Rohrdicke) oder, sofern auf a (Nahtdicke, Abb. 15) abgestellt wird, $a = 0{,}7\, s$.

Der Domanschluß Type *15* ist nun schon so oft ausgeführt worden (in der Schweiz), daß er als bewährt gelten kann, um so mehr, als auch Spannungsmessungen, auf die wir noch zurückkommen, nichts Nachteiliges gezeigt haben. Es ist die Frage, ob die Nähte zwischen

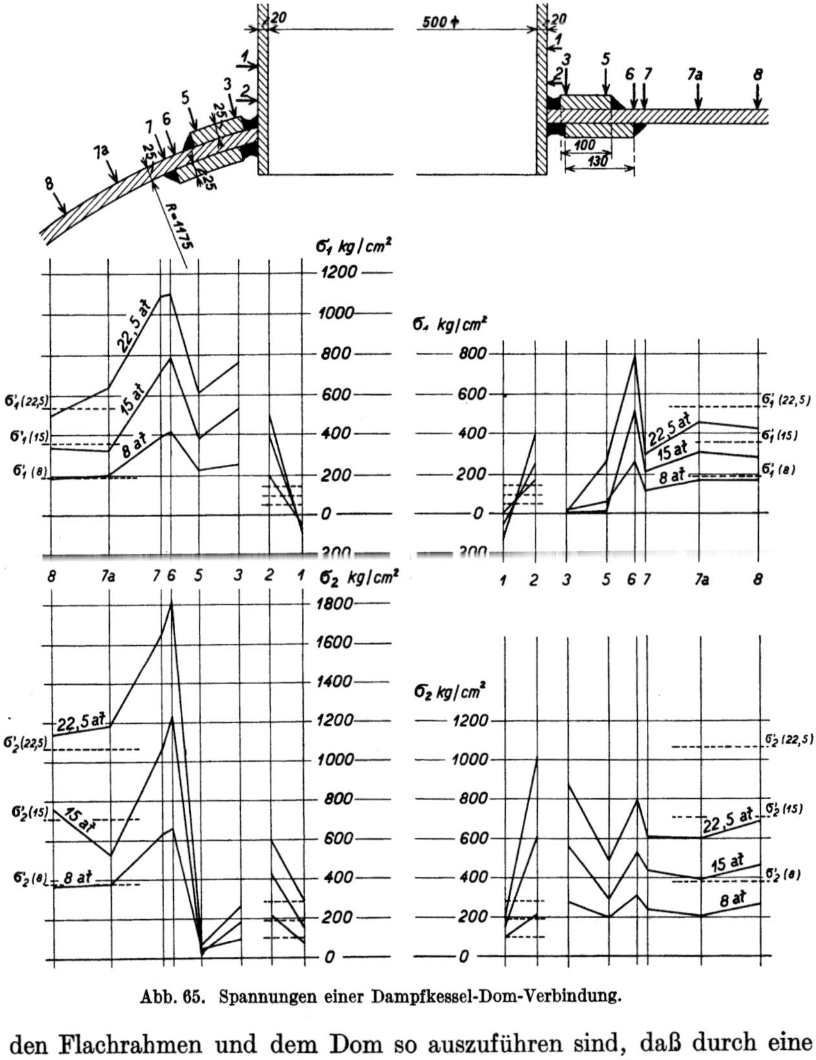

Abb. 65. Spannungen einer Dampfkessel-Dom-Verbindung.

den Flachrahmen und dem Dom so auszuführen sind, daß durch eine einzige Naht Kesselschale, Flachrahmen und Domschale zusammengehalten werden, wie bei *15* angedeutet, oder ob der Zwischenraum zwischen Dom und Flachrahmen zu erweitern sei zum Schweißen von zwei getrennten Nähten für Dom und Flachrahmen. In diesem Falle entsteht ein Graben, der als Kerbe wirkt und daher gefährlich werden kann. Ausführung *15* erscheint daher zweckmäßig, nur wenn die Nähte dick sind, können entsprechende Schrumpfwirkungen entstehen. Die Außennähte der Flachrahmen können in allen Fällen kleiner gehalten werden als die innern, dem Dom benachbarten, denn hier ist Bedürfnis zur Versteifung nicht mehr groß.

Vorlagen *16* bis *18* von Abb. 63 sind Spielarten von *15*, über Vor- und Nachteile ist noch nicht entschieden. Daß bei *17* und *18* die Nähte der Flachrahmen mit der Domschale (*17*) oder mit dem Hochkantrahmen (*18*) weiter auseinanderliegen als bei *15* und *16*, kann im Hinblick auf die Schrumpfwirkung eher als vorteilhaft eingeschätzt werden.

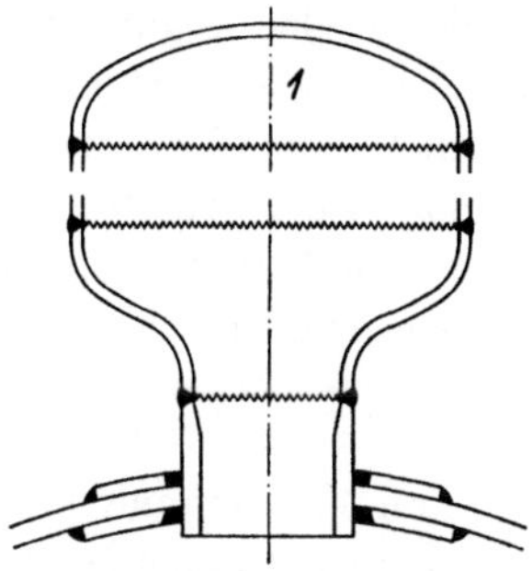

Abb. 66. Flaschenförmiger Dom.

Die Gründe sind noch anzugeben, daß die Domschale in den Vorlagen *15* bis *18* am Ort der Einführung in die Kesselschale verstärkt erscheint. Im Hinblick auf die Zahl der Ausführungen war die Erforschung des Kraftfeldes gegeben, man vergleiche Abb. 65[1], links im Quer-, rechts im Längsschnitt. Der Betriebsdruck ist 15 kg/cm², die Druckstufen sind 8, 15 und 22,5 kg/cm². Die Kesselschale berechnet sich (Kap. 21) zu 25 mm, die Domschale zu 7,3 mm, diese hat mit 20 mm fast dreifache Dicke. Die Mittelspannungen $\sigma_1' = p\frac{D}{4s}$ und $\sigma_2' = p\frac{D}{2s}$ sind gestrichelt in horizontalen Linien angedeutet.

Hinsichtlich der Kesselschale zeigt sich im Quer- und Längsschnitt ein erhebliches Ansteigen über die Mittelspannungen vor den versteifenden Flachrahmen, bis zum 1,7fachen hinsichtlich der Ringspannung σ_2 (ähnlich wie bei Abb. 61).

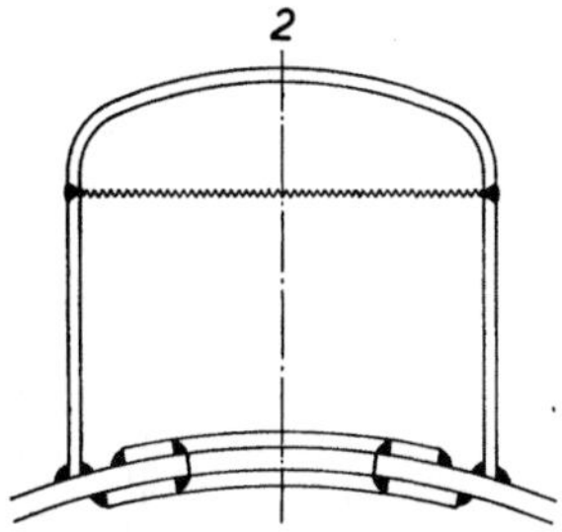

Abb. 67. Problematischer Domanschluß.

An der Domschale schnellen die Ringspannungen σ_2 noch stärker in die Höhe und erreichen bei Punkt *2* das 3,5fache der berechenbaren Mittelspannung, trotz einer fast dreifachen Blechdicke gegenüber der rechnungsmäßig gegebenen. Für die gemäß Abb. 63/*15* bis *18* angeschlossenen Dome wird somit nicht nur ein gewisser Blechüberschuß benötigt (mindestens zweifache Blechdicke), sondern sie müssen im angeschlossenen Teil außerdem verstärkt werden, gemäß Vorschlägen *15* oder aber *16* bis *18*.

Verschiedene Domformen sind in Abb. 66 und 67 gezeigt. Bekanntlich sind geräumige Dome im Kesselbetrieb erwünscht, und der Gedanke einer Ausführung gemäß Abb. 67 liegt nahe, d. h. der Dom

[1] Messungen gemeinsam vorgenommen durch Gebr. Sulzer AG., Winterthur, und den SVDB, Zürich.

wird wie ein Reiter auf die Kesselschale aufgesetzt, rechnungsmäßig sind die Kehlnähte am Grund nicht stark beansprucht. Zur Zeit erscheint jedoch eine solche Verbindung noch problematisch im Hinblick auf den ungünstigen Kraftlinienverlauf und die Gefahr bei Nahtbrüchen. Die Verbindung müßte jedenfalls durch Rippen gesichert werden. Günstiger, wenn auch etwas neuartig, erscheint der flaschenförmige Dom gemäß Abb. 66[1], ausgeführt auf Vorschlag des Verfassers an einem Flammrohrkessel von 150 m^2 Hfl, 13 kg/cm^2. Der enge gehaltene Domausschnitt in der Schale ist von größter Zweckmäßigkeit.

3. Nichtgebördelte Verbindungen, Gruppe Querröhren.

Von den mannigfaltigen Verbindungen dieser Gruppe wollen wir hier bloß von den gebräuchlichsten sprechen und verweisen auf Abb. 68, Querröhren verschiedener Bauart darstellend. Die übliche Ausführung für Querrohrkessel (Lachapel-Kessel) ist in Vorlage *1* dargestellt.

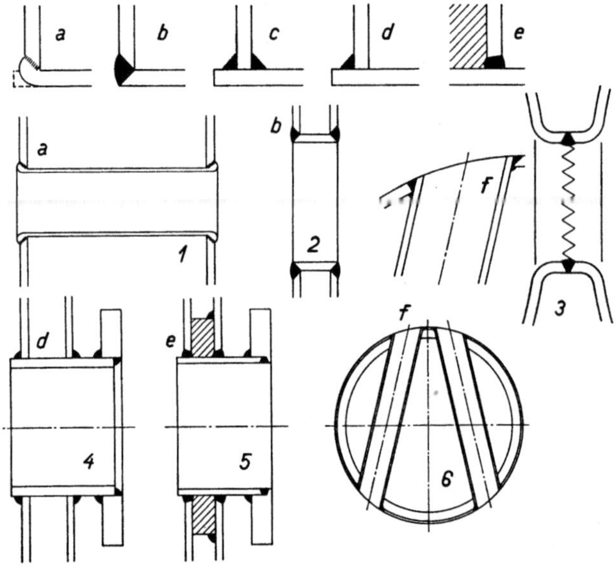

Abb. 68. Geschweißte Querröhren verschiedener Bauart.

Die Herstellungsweise der Verbindung *a* ist diejenige, daß das mit dem Schweißbrenner angewärmte Rohrende umgeschmiedet und mit der Feuerbüchswand verschweißt wird. Diese Verbindung hat sich bewährt[2], jedoch sind auch andere Anschlüsse denkbar, z. B. solche gemäß *b* bis *d*.

Vorlage *2* zeigt die Ausführung eines Feuerlochstutzens (Feuerhalses) eines stehenden Feuerbüchskessels. Das Blech des Feuer-

[1] Ausführung durch Gebr. Sulzer AG., Winterthur.

[2] Gänzlich geschweißte Querrohrkessel sind in der Schweiz seit 1916 gebräuchlich.

halses ist etwas dicker als das der Außenschale oder der Feuerbüchse, um eine gewisse Versteifung und genügende Nahtdicke zu erhalten. Die Nähte können gemäß *a* bis *d* ausgeführt werden, gebräuchlich ist *b*. In der Regel ist nur einseitige Schweißung möglich. Feuerhälse können auch gemäß Abb. 68/*3* gebildet werden.

Vorlagen *4* und *5* stellen Einfüllstutzen für Beschickungsgefäße dar, Dampfmantel und Beschickungsmantel sind beide zu durchfahren. Bei *4* ist der Querstutzen kräftig gehalten, bei *5* hilft ein Rahmen zur Versteifung mit, die Nähte gemäß *e* (siehe oben) fassen Schale, Rahmen und Hals zusammen.

Verbindungen gemäß *c* und *d* sind bei Feuerräumen nicht zulässig wegen Gefährdung der vorstehenden Ränder durch Abbrand.

Vorlage *6* veranschaulicht die Art, Umlaufröhren in Flammröhren einzubauen. Die Umlaufröhren (Gallowayröhren) waren häufig in Anwendung zur Zeit der glatten Flammröhren, sie verschwanden mit den gewellten. Geschweißt können jedoch solche Verbindungen leicht hergestellt werden[1], die Löcher werden mit dem Sauerstoffbrenner geöffnet. Die Umlaufröhren werden gemäß *f* (siehe oben) von außen her verschweißt, ohne Enden vorstehen zu lassen, inwendig wird Rohr für Rohr nachgeschweißt. Die Schrumpfung der Flammröhren in Längsrichtung beträgt 0,5 bis 1 mm für jede Rohrlage (bestehend aus einer oder zwei Umlaufröhren). Daran hat man sich zu erinnern, wenn auch Flammröhren bestehender Kessel mit Umlaufröhren ausgerüstet werden sollen.

Über das Problem der Berechnung von Röhren mit ungleichmäßiger Anstrahlung beachte man die Lösung von Stodola[2].

16. Konzentrische Verbindungen röhrenförmiger Hohlkörper.

Hierunter fallen die Verbindungen der Dampfmäntel mit den Beschickungsmänteln, der Dampfkesselschalen mit den Feuerbüchsen usw.

1. Dampfmantelverbindungen

bringt Abb. 69 in mannigfaltiger Ausführung. Bei der Wahl einer Verbindung ist darauf zu achten, ob der Dampfmantel bloß die Beschikkungsschale im zylindrischen Teil umschließt (Fälle *1* bis *2*, *11* bis *13*) oder die Zylinderschale samt Boden (*3*, *14*); in diesem Falle hängt, sofern nicht beide Böden gekuppelt sind, die ganze Last am oberen Kranz, der also entsprechend stark ausgeführt sein muß. Verschiedene

[1] Seit Jahren von der Schweiz. Lokomotiv- und Maschinenfabrik Winterthur und Gebr. Sulzer AG., Winterthur, ausgeführt.

[2] Schweiz. Bauztg. 17. Nov. 1934.

Ausführungen solcher „Kränze“, d. h. Verbindungen von Beschickungsschale und Dampfmantel mit und ohne Flansch, sind in Abb. 69, *1* bis *6* und *14* angegeben. Es ist schwer zu sagen, welcher Verbindung der Vorzug gebührt; bei *1* bis *3* können die Nahtverbindungen nicht symmetrisch ausge-

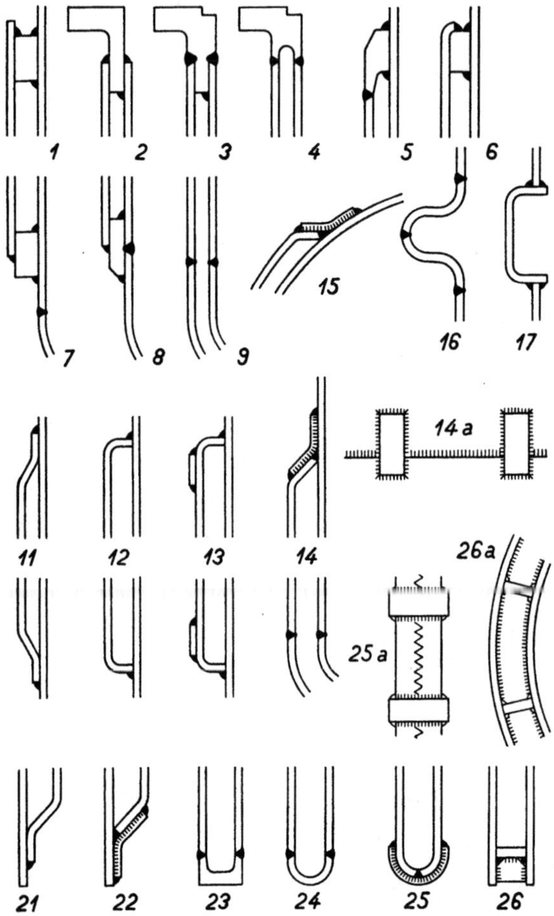

Abb. 69. Dampfmantel- und Feuerbüchsverbindungen.

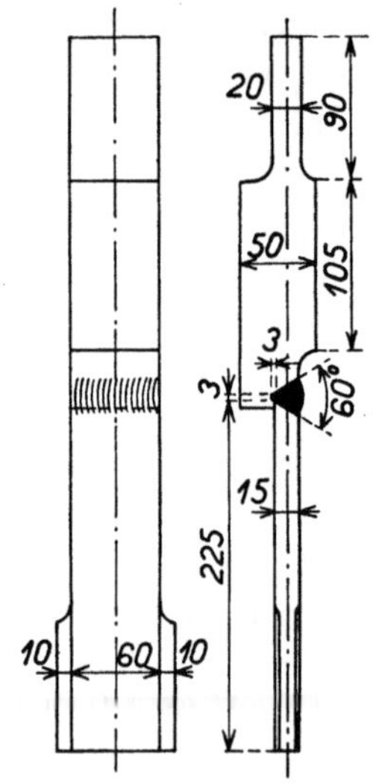

Abb. 70. Probestäbe zur Ermittelung der Festigkeit der Verbindung gemäß Abbildung 69/*3*.

führt werden wegen teilweiser Unzugänglichkeit zum Schweißen. Bei *4* und *5* ist für guten Wärmeabfluß gesorgt. Bei *1*/*7*, *2*/*8* und *3* können die Kehlnahtverbindungen durch Schlitznähte verstärkt werden. Ausführungen gemäß *3* und *8* haben das Besondere, daß das V-Profil etwas in den Rahmen eingestochen wird, damit Schlacken im Grund, die nicht mehr entfernt werden können und ein blasiges Gefüge bilden, im Material des Rahmens eingeschlossen bleiben, nicht in der Blechzone. Über die Festigkeit einer solchen Verbindung gibt folgender Versuch Aufschluß. Stäbe der in Abb. 70 dargestellten Art, deren Nähte zum Teil glatt gehobelt wurden, zum Teil überhöht blieben, brachen alle im vollen Blech. Der Werkstoff entsprach der Sorte I. In Kap. 18/2 wird noch weiter über diese Verbindung zu sprechen sein.

Dampfmäntel, die bloß den zylindrischen Teil der Beschickungsschale umschließen, sind in den Vorlagen *11* bis *13* dargestellt. Es ist darauf hinzuweisen, daß die Blechtemperatur des äußern Mantels verschieden sein kann von der der (innern) Schale, zum Ausgleich verschiedener Dehnungen in Achsrichtung sollte durch eine gewisse Nachgiebigkeit der ganzen Verbindung gesorgt werden. Dieser

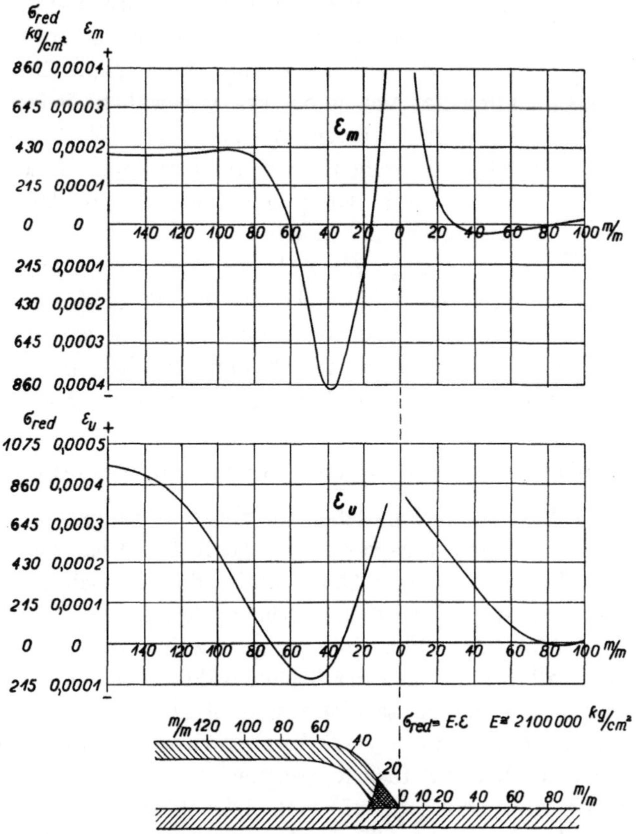

Abb. 71. Dehnungen eines Dampfmantels (*14*, Abb. 69) in Meridian- (ε_m) und Umfangsrichtung (ε_u) bzw. red. Spannungen.

Anforderung genügen die Verbindungen *11* bis *13*, dabei lehnt sich *11* an bisherige genietete Formen an. Zweckmäßiger erscheinen, auch in elastischer Hinsicht, *12* und *13*, in beiden Fällen besteht das Nachteilige im Bestehen einer Kerbwirkung im Grund (Kap. 6) und unvermittelter Kraftlinienübergänge (wie beim Dom Abb. 67). Jedenfalls ist *12* nur für geringe Belastung zu empfehlen. Eine Verstärkung der Verbindung in radialer Richtung wird gemäß *13* durch Reifen bewerkstelligt. Größere Nachgiebigkeit wird durch Ausgleichwellen erzielt, etwa gemäß *16*, oder in Fällen sehr niederer Beanspruchung, gemäß *17*.

Während Art und Höhe der Beanspruchung der bisher besprochenen Verbindung nur eingeschätzt werden kann, liegen hinsichtlich *14*, Abb. 69, Messungen vor, Abb. 71 zeigt den Verlauf der Dehnungen (red. Spannungen) ε_m im Meridian und ε_u im Umfang. Im Zusammenschluß beider Mäntel ergeben sich erhebliche Biegungsspannungen, die Naht ist entsprechend beansprucht und muß infolgedessen durch Stücklaschen entlastet und gesichert werden, Teilung gemäß *14a*. Diese Anordnung hat sich in der Praxis bewährt, sie ist in Fällen geeignet, in denen sie das einzige Verbindungsglied bildet zwischen Dampfmantel und Beschickungsmantel, d. h. Kupplungsstücke fehlen. Abb. 72 zeigt eine solche Ausführung.

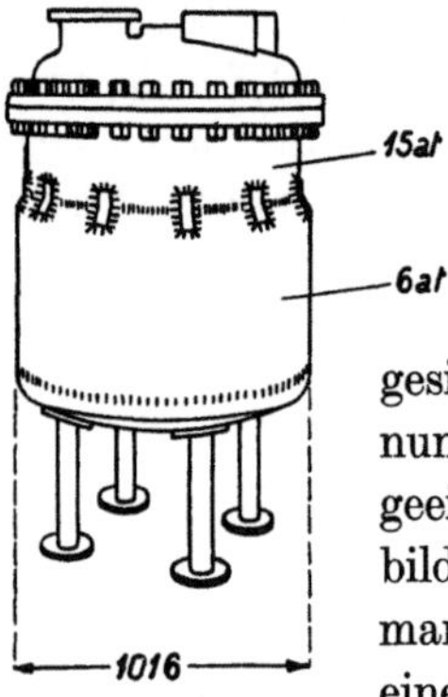

Abb. 72. Dampfgefäß mit Dampfmantel, Sicherung der Verbindungsnaht durch Laschen.

Vorlage *15*, Abb. 69, läßt die Längsverbindung eines Dampfmantels mit der Beschickungsschale in Fällen, bei denen diese nur teilweise umschlossen wird, erkennen. Laschensicherung ist unumgänglich nötig, Teilung etwas dichter als gemäß *14a*, Abb. 69, man vergleiche Kap. 22.

2. Verbindungen von Feuerbüchse und Kesselmantel

sind in Abb. 69, *21* bis *26*, angegeben. Vorlage *21* erinnert an genietete Muster, ist aber in der Praxis vielfach ausgeführt und hat sich bewährt. Einfacher ist die Verbindung *22*, sie ist aber durch Laschen zu sichern, wonach sie sich auch für höhere Drücke eignet. Die Verbindungen *23* und *24* können bloß einseitig geschweißt werden, wenigstens ist dies der Fall für die eine der beiden Nähte. Bei Schiebungen der Feuerbüchse gegen die Kesselschale sind diese Nähte gewissen Biegungsbeanspruchungen ausgesetzt. Verbindung *25*, durch Laschen gesichert, ist für höchste Drücke geeignet, Laschenverteilung gemäß *25a* (Fall der Anwendung bei einer Hochdrucklokomotive[1]). Die Anwendung der Laschen ist bei Verbindung *25* teilweise behördlich vorgeschrieben[2].

Die Verbindung von Feuerbüchse mit Kesselmantel, die sich durch Sicherheit auszeichnet und die mehr und mehr in die Praxis übergeht, wird durch *26*, Abb. 69, dargestellt. Der Schlußring kann zwar bloß durch einseitige Kehlnähte angeschweißt werden, die Kerbwirkung ist jedoch durch das Anbringen von Rippen entkräftet, diese versteifen Feuerbüchse und Kesselschale gegen relative Verschiebungen. Anordnung der Rippen ungefähr gemäß *26a*.

[1] Schweiz. Bauztg. 2. Juni 1928.
[2] Frankreich 1932.

17. Rohrkupplungen.

Wir unterscheiden Rohrkupplungen und Verbindungen von Röhren mit Platten.

1. Rohrkupplungen.

In der Abb. 73 sind die gebräuchlichsten Rohrkupplungstypen zusammengestellt. Von diesen Verbindungen ist *1* mit nur von außen

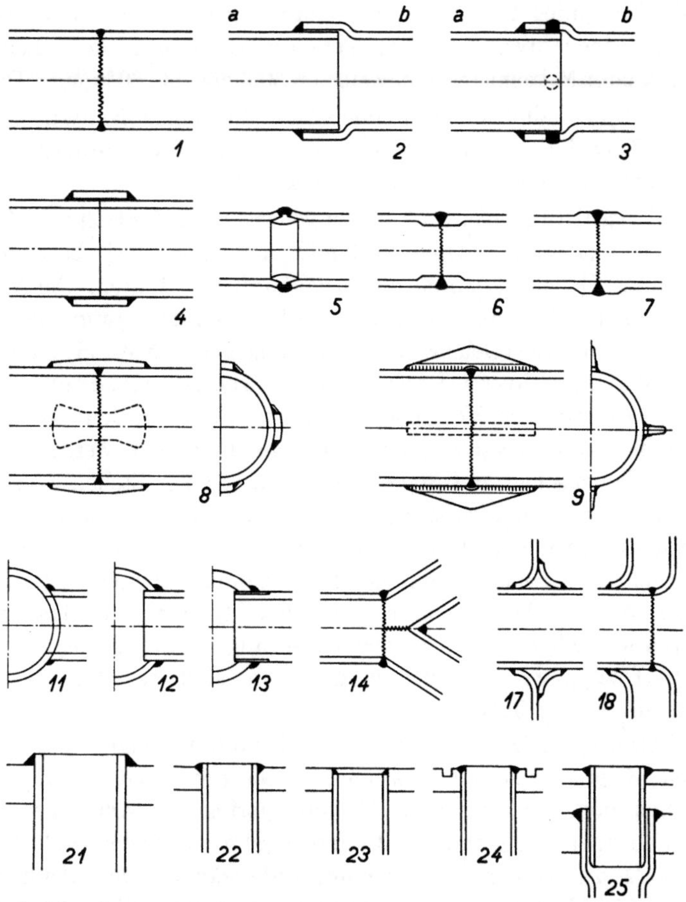

Abb. 73. Rohrkupplungen (*1* bis *18*). Verbindungen von Röhren und Rohrplatten (*21* bis *25*).

geschweißter V-Naht die einfachste. Neue oder gebrauchte Rauch- oder Siederöhren werden in dieser Art angestutzt. Gasfernleitungsröhren aus Stahl werden meistens nach *2* ausgeführt, d. h. das eine Ende wird gebechert. Die Verbindung kann auch nach *3* mit ausgeschweißten Löchern oder Schlitznähten zur Erreichung eines höheren Haftvermögens versehen werden. Überwurfmuffen gemäß *4* sind selten in der Anwendung. Röhren gemäß *2* bis *4* werden strangweise zusammengeschweißt und die Stränge in die Gräben versenkt. Kupplung *5* entspricht einem Sulzerschen Patent; die gedornten Enden werden an eine Innenmuffe aus weichem Stahl angesteckt, das Ganze wird verschweißt, autogen oder elektrisch. Diese Kupplung bietet mehr Sicherheit als *1*, sie hat den Vorteil der Zentrierung der Rohrenden; das Rohrinnere bleibt frei von Tropfen und Bärten aus Schweißgut, die bei *1* meistens entstehen. Mechanische und Ätzproben haben die Zuverlässigkeit der Kupplung *5* erwiesen. Nach nämlichem Grundsatz, in der Ausführung jedoch etwas geändert, sind die Rundnähte der Ölleitungen von Irak zum Mittelmeer geschweißt (⌀ 30,5 cm, bis 60 kg/cm² Druck)[1].

Bei *6* und *7* sind die Rohrenden nach Vorschlag Brown-Boveri, Baden (Schweiz), gestaucht zur Vergrößerung des Nahtquerschnittes. Anwendungen findet man beim Veloxkessel.

Die Kupplungen *8* und *9* sind gesichert, *8* durch Flach- und *9* durch Steglaschen (Rippen). Beide Verbindungen eignen sich bei größeren, durch hohe Drücke (Dampfdrücke) gefährdeten Röhren. Die Verwendung der Flachlaschen bietet den Vorteil, daß der Spannungszustand bekannt ist; man vergleiche die Ausführungen von Kap. 11, namentlich ist der Trajektorienverlauf bekannt (Abb. 51). Steglaschen gemäß *9* werden neuerdings in Vorschlag gebracht; sie haben den Vorzug, daß die zu sichernden Nähte nicht glatt geschmiergelt werden müssen wie bei Flachlaschen, die Stege werden an solchen Stellen ausgespart. Steglaschen können überhaupt gut angepaßt werden, sie haben aber den Nachteil geringerer Festigkeit bei Schlägen und Stößen von außen und erhöhter Wärmeabstrahlung. Der Spannungszustand ist nicht in gleicher Weise bekannt wie bei den Flachlaschen; die Trajektorien sind wahrscheinlich stärker zusammengedrängt an den Enden der Stege. Um die Übergänge allmählich zu gestalten, sind die Stege gegen die Enden hin zu verjüngen.

Bei Gruppen *11* bis *14* schneiden sich die Achsen der gekuppelten Röhren. Kupplung *13* mit Gewinde und Naht verdient wegen größerer Sicherheit den Vorzug vor *12*. *11* bietet geringe Sicherheit gegen Biegungswirkungen, die gerade bei Röhren häufig vorhanden sind, dagegen bedingt *11* die geringsten Strömungswiderstände. Die Kleinrohrverbindung *14* bedarf keiner besonderen Versteifung, während solche bei den sog. Hosenrohren im Kraftwerkleitungsbau nötig sind, Kap. 24.

In Gruppen *17* bis *18* sind Verbindungen besonders dünnwandiger Röhren dargestellt, z. B. solcher aus rostfreiem Stahl. Man vergleiche hiezu die Verbindungen *2* und *3*, Abb. 62, Kap. 14. Bei dünnen Wänden muß bei den Kupplungen die Eigenschaft, zu federn, vorhanden sein.

---

[1] Schweiz. Bauztg. 4. Mai 1935 — Engineering 18. Jan. 1935 — Le Génie Civil 9. März 1935.

2. Verbindungen von Röhren mit Rohrplatten.

Früher wurden die Röhren dicht und fest gewalzt, heute kann man die Verbindungen schweißen, leichtes Vorwalzen ist mitunter zu empfehlen, um sattes Anliegen zu erzielen. Für gewalzte Röhren waren Platten aus einem harten Werkstoff zweckmäßig, um die Ausweitung der Rohrlöcher durch das Walzen zu vermeiden, bei geschweißten Röhren ist man hieran nicht gebunden. Der große Vorzug geschweißter Röhren ist dauernde Dichtheit, anderseits sind gewalzte Röhren leichter auswechselbar. Die Dicke der Rohrböden ist bei geschweißten Röhren weit geringer als bei gewalzten, oft genügt die Hälfte, zudem erübrigen sich Ankerröhren zur Kupplung der Böden, weil geschweißte Röhren genügend sicher sind hiezu[1].

Verbindungen von Röhren mit Rohrplatten werden durch Gruppe *21* bis *25*, Abb. 73, vertreten. Dicke Röhren gemäß Abb. 73/*21* anzuschweißen, bietet keine Schwierigkeit, ist die Rohrdicke gering, so kann man gemäß *22* oder *23* die Naht etwas versenken wegen besseren Wärmeabflusses. Hohe Anforderung an die Festigkeit der Verbindung darf nicht gestellt werden. Kommt es auf leichten Rohrersatz an, so ist *21* zu berücksichtigen. Zur Wärmebindung beim Schweißen kann nach Vorschlag Canzler gemäß *24* eine Nute um den Rohrsitz herum eingestochen werden. Die Temperatur kann andererseits durch Verwendung von Kupferplatten oder Kupferzapfen gesenkt werden. — Über die Verbindung der Rohrböden mit den Zylindermänteln vergleiche man Kap. 19, Abb. 78/*21* bis *24*.

Gegen die Scheuerwirkung der Gase sind auch bei geschweißten Röhren Brandringe anzuwenden. Koppers empfiehlt in besonderen Fällen die Anordnung *25*.

Über die Rohrverbindungen im Stahlbau vergleiche man das besondere Fachschrifttum[2].

18. Böden und Deckel.

1. Über die Anordnung der Böden im allgemeinen.

Die allgemeine Anordnung der Böden kann durch Abb. 74 veranschaulicht werden, *1* der nach außen gewölbte Boden, *2* der nach innen gewölbte. Heute ist erkannt, daß die Böden tief gewölbt sein müssen, insbesondere darf der Krempenhalbmesser nicht zu eng sein,

---

[1] Über die Beanspruchung von Rohrfeldern vgl. Wärme 1929 S. 594 und Rev. techn. Sulzer 1933 Nr. 3.

[2] Ulbricht: Geschweißte Rohrverbindungen im Stahlhochbau. Z. VDI 1931 S. 759. — Bondy: Ausgewählte Schweißkonstruktionen. Berlin 1930. — Hilpert u. Bondy: Neue geschweißte Rohrbauten. Z. VDI 1933 S. 701. — Z. VDI 1935 S. 1145.

soll das Auftreten großer Biegungsspannungen vermieden werden, man vergleiche den in Abb. 57 gegebenen Spannungsverlauf außen. Gefährdet ist bei großem Biegungsmoment und geringer Biegungssteifigkeit die Innenhaut, erfahrungsgemäß entstehen hier die Risse. Man beachte, daß die Krempe durch den Innendruck im Meridian sich öffnet (Abb. 76), die Meridianspannungen sind auf der Innenseite Zug-, außen Druckspannungen, dagegen sind die Ringspannungen

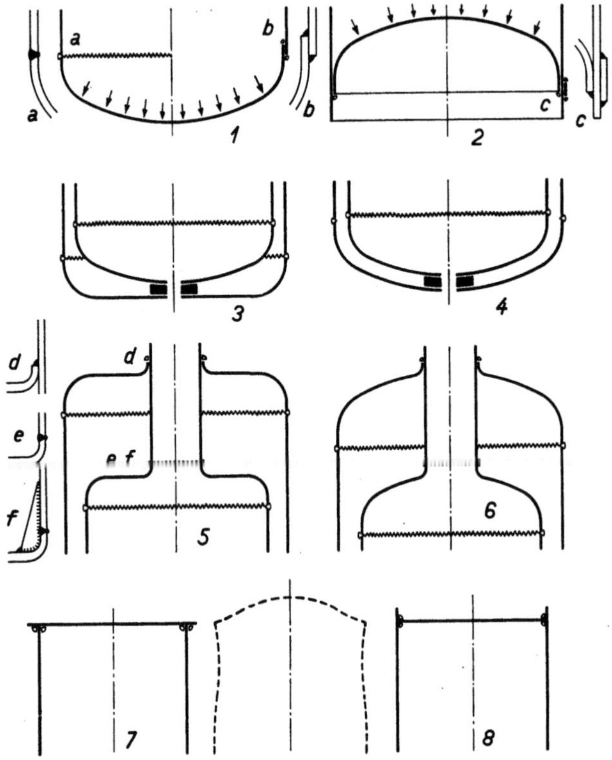

Abb. 74. Allgemeine Anordnung der Böden.

außen und inwendig Druckspannungen. Der Spannungszustand inwendig ist daher besonders gefährlich, man vergleiche Kap. 3, Gl. (17); bei Druckspannung ist das Vorzeichen negativ zu nehmen.

Während der nach außen gewölbte Boden, *1* von Abb. 74, bei Innendruck im stabilen Gleichgewicht steht, ist der nach innen gewölbte, *2* von Abb. 74, bei Innendruck instabil. Hier kommt es auf die Nachgiebigkeit des Randes, auf den sich die Krempe stützt, an. Ist dieser Rand im Umfang dehnbar, so wächst für den Boden die Gefahr der Einknickung. Der Rand muß daher durch mehrfache Blechlagen starr gemacht werden, wie bei *2c* angedeutet, zum gleichen Zweck wird die Zylinderschale überstehend angeordnet. Besser ist es, nach innen gewölbte Böden, die im Zeitalter der Nietung eine gewisse Berechtigung hatten, zu vermeiden und heute nur noch nach außen gewölbte zu verwenden. Die Art der Befestigung geschieht gemäß *1a* oder noch besser *1b*, d. h. überlappt. Die Gründe sind in Kap. 12/2 angegeben.

Die Doppelböden der Dampfgefäße werden oft gekuppelt, weil die Auslaßöffnung aus dem Beschickungsgefäß dazu zwingt, mitunter veranlaßt der Ersteller diese Anordnung auch aus Festigkeitsrücksichten, d. h. um die Böden gegenseitig zu entlasten. Gebräuchlich ist eine Anordnung gemäß *4*, Abb. 74. Diese hat jedoch das Unzweckmäßige, statisch unbestimmt zu sein. Jeder der zwei nach außen gewölbten Böden ist ohne Kupplung für sich statisch bestimmt, jeder dehnt sich in dem ihm zukommenden Maß, die Richtungen sind entgegengesetzt bei entsprechendem Druck im Dampfmantel. Durch die Kupplung wird die freie Dehnung gehemmt, wodurch unter Umständen hohe Zusatzspannungen in den verschiedenen Nähten wachgerufen werden, insbesondere bei erheblichem Temperaturunterschied. Werden dagegen die beiden gekuppelten Böden oder wird, gemäß *3*, Abb. 74, wenigstens der eine davon flach ausgeführt, so ist durch Federung der durchaus notwendige Ausgleich geschaffen. Diese Verhältnisse sollten von den Erstellern stets im Auge behalten werden. Über die Ausbildung der Kupplungsscheiben zwischen den Böden sei auf Kap. 14 verwiesen.

Die nämlichen Richtlinien wie für die gekuppelten Böden *3* und *4* ergeben sich für *5* und *6*, den durch das Rauchrohr gekuppelten Böden kleiner stehender Kessel (Querrohrkessel, Fieldkessel usw.). Die Anordnung *6* ist zu vermeiden, weil sie statisch unbestimmt ist. Diese Erwägung ist nicht nur theoretischer Art, vielfache Erfahrung lehrt, daß die Naht zwischen Feuerbüchse und Rauchrohr gemäß *6* schwerer Bruchgefahr ausgesetzt ist. Ein Boden von den beiden muß daher federn können, es hat sich durchaus bewährt, daß beide federn, wie bei *5* angegeben, d. h. beide Böden werden flach ausgeführt[1]. Die Ausführung der Nähte bei *d*, *e* und *f* ist seitlich herausgezeichnet. Für größere Kessel empfiehlt sich die Sicherung durch Rippen gemäß *f*.

2. Ebene Böden.

Wir kommen zur Besprechung des Abschlusses von Röhren (Domen, Zylinderschalen kleiner Kessel) durch ebene Platten, dieser kann gemäß *7* oder *8*, Abb. 74, bewerkstelligt werden. Ist die Platte nicht beiderseits zugänglich, so bleibt zum Schweißen bloß die äußere Naht. Zwischen *7* und *8* ist in der Abb. 74 die Gestalt des elastischen Quer-

[1] In der Z. bayer. Revis.-Ver. 1921 S. 84 begründet. In der Schweiz werden nur Flachböden für Querrohrkessel zugelassen.

risses (Meridians) angedeutet. Die Platte ist als halb eingespannt zu betrachten, sie kann berechnet werden gemäß

	Größte Spannung	Wert der Spannung
frei aufliegend . . .	Mitte	$\sigma_r = \sigma_t = 1{,}24\,pr^2/s^2$
Rand eingespannt .	Rand	$\sigma_r = 0{,}75\,pr^2/s^2$

Für die halb eingespannte Platte wird man ohne großen Fehler $\sigma = pr^2/s^2$ nehmen können, hieraus folgt s, wobei $\sigma = K_n/x$. Die Schwierigkeit

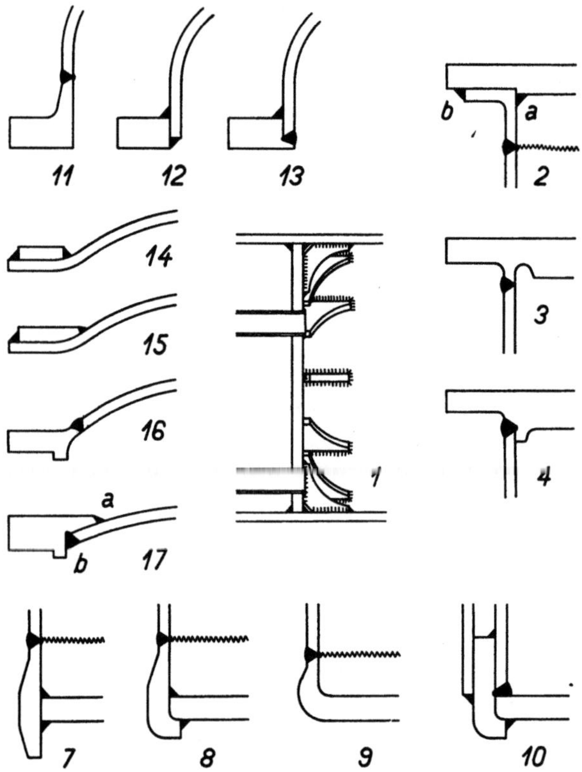

Abb. 75. Verbindungen ebener Böden und Deckelverbindungen.

liegt aber in der Beanspruchung der Nähte. Wahrscheinlich werden hohe Spannungen erreicht, was schon daraus hervorgeht, daß die Zylinderschale in der Nähe der Platte durch ihre Zugwirkung eingeschnürt wird. Dieser Verlauf ist durch Messungen nachgewiesen[1]. Die innere Naht unterliegt daher im Meridian Zug-, die äußere Druckspannungen, daher empfiehlt es sich nicht, die innere Naht wegzulassen, sie muß im Gegenteil kräftig ausgeführt werden. Zur Hauptsache ist aber darauf hinzuweisen, daß die Verbindungen *7* und *8*, Abb. 74, gegen den alten Grundsatz im Kesselbau verstoßen, daß scharfe Ecken im Meridian

[1] Huggenberger: Festigkeit ebener gekrempter Kesselböden. Zürich (SVDB).

eines Hohlkörpers zu vermeiden sind, daß also die Übergänge sanft sein müssen (Krempen). Erfahrungen schwerster Art haben hiezu geführt. Verbindungen gemäß *7* und *8*, Abb. 74, sind daher zu vermeiden, wenn sie nicht besonders gesichert werden können. Eine solche Ausführung ist in Abb. 75/*1* gezeigt, zur Sicherung dienen Rippen, die Platte ist zudem durch Röhren (Rauchröhren) versteift. Es gibt überhaupt Fälle, wo sich ebene Böden nicht vermeiden lassen, z. B. bei Röhrenvorwärmern, Die Vorlagen *2* bis *10*, Abb. 75, bringen Vorschläge, wie durch die Anordnung der Nähte und das Verdicken der Übergangsstellen eine gewisse Sicherung gegen die Wirkung der erheblichen Biegungsspannungen zu erzielen ist, *2* bis *4* für leichtere, *7* bis *10* für schwerere Verbindungen. Erfahrungen, die befriedigend zu nennen sind, liegen bloß hinsichtlich der Verbindungen *2* bis *4* vor. (Man wird die Naht *a* bei *2* kräftiger halten als bei *b*. Über die eingestochene Naht bei *4* vergleiche man Abb. 70.)

3. Deckelverbindungen

sind in Abb. 75 (*11* bis *17*) veranschaulicht. Der Spannungszustand der Deckel unterscheidet sich von dem der Böden durch den am Deckelflansch angreifenden Schraubenzug, der von erheblicher Größenordnung sein kann[1]. Unter den Deckeln sind die tief gewölbten (*11* bis *13*) von den flach gewölbten (*14* bis *17*) zu unterscheiden. Hinsichtlich der Korbbogendeckel verfügen wir über die Kenntnis des Spannungszustandes entsprechender Böden, ein Beispiel ist in Abb. 57 gegeben. Um in das Verhalten der Deckel Einblick zu erhalten, soll vergleichsweise dasjenige der Korbbogenböden bei bleibender Verformung betrachtet werden, ein Beispiel ist in Abb. 76 gegeben. Die Krempe wird durch den Innendruck geöffnet, das zylindrische Bodenende sucht auch das anschließende Ende der Zylinderschale zu öffnen. Hiervon wird das Verhalten der Deckel mit Flansch, *11* bis *13* von Abb. 75, etwas abweichen im Hinblick auf den Schraubenzug, der am Flansch ein

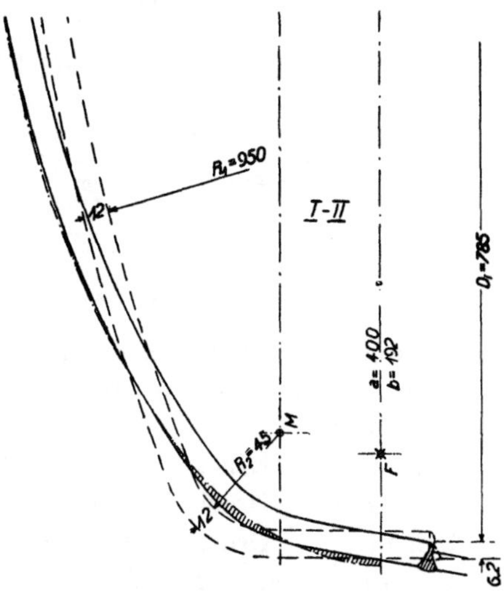

Abb. 76. Schnitt durch einen bleibend verformten Korbbogenboden mit enger Krempe.

[1] Über das Verhalten von Schraubenverbindungen beim Anziehen und Lösen vgl. Z. VDI 1934 S. 780.

Gegenmoment ausübt im Sinne einer Entlastung der Krempe. Die Wahrscheinlichkeit besteht, daß die Gefahr von Krempenbrüchen bei Deckeln geringer ist als bei Böden gleicher Form.

Über den Spannungszustand flach gewölbter Böden ist wenig bekannt. Das Ergebnis einer abgekürzten Messung (SVDB 1934) an einem Stahlgußdeckel ist gezeigt in Abb. 77. Die Befestigung erfolgte durch 8 Schrauben, der Schnitt links von der Mitte geht zwischen 2 Schrauben hindurch, rechts durch eine der Schrauben. Die 0-Ebene (Abszissenachse) entspricht einem Wasserdruck von $^1/_2$ kg/cm² bei nicht angezogenen Muttern.

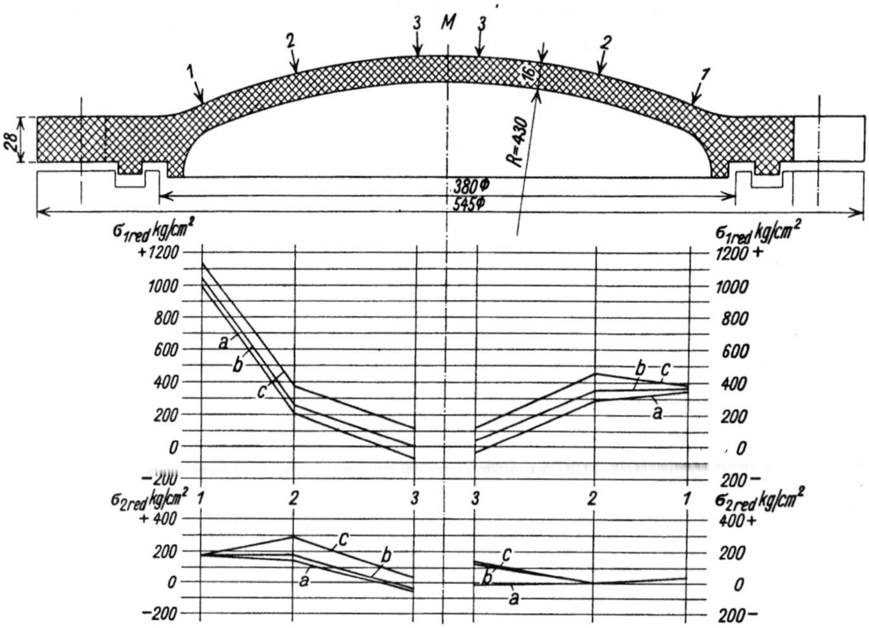

Abb. 77. Spannungszustand eines Stahlgußdeckels; *1* Meridiantangente, *2* Ringtangente.

Linienzug *a* Druck $^1/_4$ kg/cm², Muttern angezogen,
Linienzug *b* Druck $6^1/_4$ kg/cm², Muttern angezogen,
Linienzug *c* Druck $12^1/_4$ kg/cm², Muttern angezogen.

Der Abb. 77 ist zu entnehmen: Die erhebliche Wirkung des Schraubenzuges auf den Rand und die Unregelmäßigkeit des Verlaufs der Spannungen, die im mittleren Teil eine untere Grenze erreichen. Dies hat man sich bei der Verwendung von Deckeln gemäß Vorlagen *14* bis *17* zu vergegenwärtigen. Die bisherige Gepflogenheit, gewölbte Deckel bei der Berechnung als Teile entsprechender Kugelmembranen aufzufassen, kann nur beibehalten werden, sofern man einen hohen Sicherheitsgrad (Vorschlag x mindestens 10fach) berücksichtigt und die Deckel in der Nähe der Schrauben verstärkt.

In der Ausführung der Deckel *11* bis *13*, Abb. 75, ist der Vorschweißflansch gemäß *11* zu bevorzugen aus den in Kap. 10 gegebenen Gründen, man vergleiche Abb. 46 bis 48. Von den flach gewölbten Deckeln *14* bis *17* sind *14* und *15* nur für geringere Drücke geeignet. Als zuverlässige Verbindung erscheint *17*, ein geringer Wölbungshalbmesser — der erwünscht ist — bedingt eine erhebliche Flanschdicke, was allerdings die Kosten erhöht. Ein endgültiges Urteil kann heute nicht ausgesprochen werden.

Das Deckelproblem wurde mehrfach theoretisch behandelt, vgl. die Forschungsarbeiten VDI 124 und 195 (Huldreich Keller), 276 (Geckeler). Dubs (Berechnung gewölbter Böden. Leipzig: Teubner) unterscheidet 4 Fälle: A Boden am Rand verschiebbar und frei drehbar; B und C Rand teilweis, D ganz eingespannt. Die höchsten Spannungen werden bei A erreicht, empirische Gleichung hierfür

$$\sigma_{t\max} = p\,\frac{R}{2s}\left[-0{,}58 + \cos\alpha\left(0{,}66 + 2{,}67\sin\alpha\sqrt{\frac{R}{s}}\right)\right]\ \mathrm{kg/cm^2}.$$

R ist Wölbungshalbmesser, α der Winkel, der eingeschlossen wird von der Achse und der Erzeugenden des Kegels, in dem die Kalotte in den Flansch übergeht, also in der Naht. (Die Wanddicke s ist vorher annäherungsweise nach einer anderen Methode zu berechnen, z. B. $s = 5p\,\frac{R}{K_n}$ für 10fache Sicherheit.) Die Fälle B bis D ergeben geringere Spannungen, Fälle B und D die geringsten.

Die rein mathematisch hergeleiteten Berechnungsvorschläge müssen noch mit den Ergebnissen der Messung verglichen werden, eine Aufgabe der Zukunft.

Die korbbogenförmigen Deckel *11* bis *13*, Abb. 75, können gerechnet werden wie die gleichgeformten Böden, gegenüber welchen, wie wir gesehen haben, der Grad der Sicherheit gegen Krempenbruch ein höherer ist. Der Rechnungsgang ist

in Deutschland $$s = y\,\frac{Dpx}{200\,K_n} + c\ (\mathrm{mm}),$$

die Werte für x, y, c sind den Werkstoff- und Bauvorschriften für Landdampfkessel zu entnehmen;

in der Schweiz $$s = 1{,}6\,\frac{pae}{100\,K_n z}\,\frac{20\,r/R+3}{20\,r/R+1} + 1\ (\mathrm{mm}),$$

worin a die halbe Weite des zylindrischen Ansatzes, $e = a/b$ das Tiefen- und r/R das Krümmungsverhältnis; Maße in mm bis halbe Blechdicke zu nehmen, p in kg/cm², K_n in kg/mm². Die Verhältniszahl z hängt von der Art des Mannloches ab, $= 1$ ohne Mannloch.

19. Flansche.

1. Die Flanschverbindungen.

In den meisten Kulturstaaten sind die Flansche genormt, die Normung erstreckt sich aber nicht auf alle Möglichkeiten der Verbindung, die die elektrische und autogene Schweißung mit sich bringen. Für die erhebliche Widerstandsfähigkeit geschweißter Flanschverbindungen sind die Beweise von Kap. 10 erbracht. Bei der Wahl der Typen ist auf die betr. Ausführungen Rücksicht zu nehmen. Unter den Flanschen kann unterschieden werden zwischen Scheibenflanschen, Vorschweißflanschen und Stützflanschen.

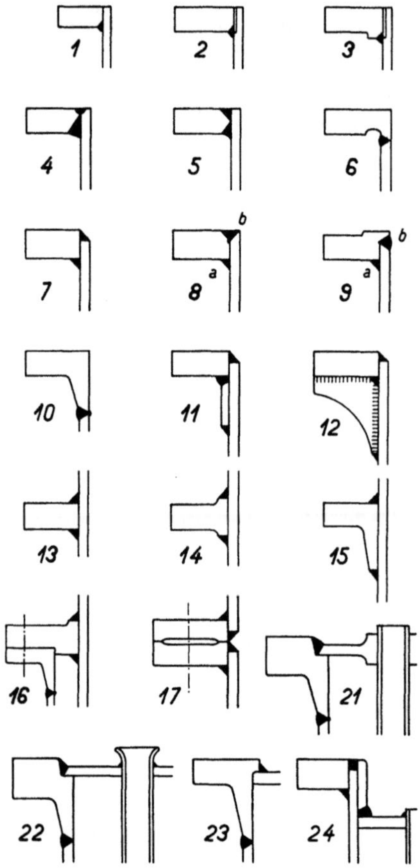

Abb. 78. Typen geschweißter Flansche.

Der Scheibenflansch *1*, Abb. 78, ist nur auf der Rückseite dicht geschweißt, die Gewindeflansche *2* und *3* sind es ebenfalls. Die Schweißungen bei *4* bis *6* gewähren größere Festigkeit, die Vorlagen *1* bis *6* werden aber selten ausgeführt und stellen mehr nur Stufen der Entwicklung dar. Die Praxis berücksichtigt häufiger die Scheibenflansche *7* bis *9*, insbesondere wird *7* heute allgemein angewandt[1], mit Bezug auf die Festigkeitsverhältnisse sei an Abb. 47, Kap. 10, erinnert. Die Widerstandsfähigkeit der Nähte und der ganzen Flanschverbindung wächst mit der Länge des Hebelarmes, dargestellt durch die Verbindung der Schwerpunkte der Nahtquerschnitte am nämlichen Flansch. Bei harmonischer Flanschausführung müssen 4 Größen im Einklang stehen: Flanschquerschnitt, Flanschbohrung, Rohrdicke und Nahtquerschnitt. Hinsichtlich der letzteren 2 Größen, Nahtquerschnitt und Rohrdicke kann als Faustregel gelten: Die Nahthöhe h (= Anlegeschenkel des ausgeschweißten Dreiecks bzw. $a = 0{,}7\,h$, Abb. 15) ist nicht größer als die Wanddicke des Rohres. Als obere Begrenzung für die Nahthöhe h kann 12, höchstens 15 mm gelten. Bei Flansch *9* ist zu empfehlen, daß die Wurzel des V-Profils an der Stelle b etwas in den Flanschkörper eingestochen wird, entsprechend Abb. 70, Kap. 16.

[1] In die schweizerischen Normalien aufgenommen (VSM 18461/2).

Der Vorschweißflansch *10*, dessen Form an eine solche gleicher Festigkeit anlehnt, hat sich bei Festigkeitsversuchen bewährt (Kap. 10) und ist zu empfehlen, obwohl der Zusammenhang mit dem Rohr nur durch eine einzige Naht übernommen wird. Die Vorschweißflansche sind in die Baunormen aller Länder aufgenommen. Bei der Wahl zwischen *7* und *10* wird man auch die Kosten berücksichtigen. Vorlagen *11* und *12* sind Vorschläge zur Sicherung der Flanschverbindung *7*, bei *11* soll ein umlaufendes Band den Flanschhals bzw. das Rohr gegen Ausbauchung schützen, sofern der Hals wegen geringer Wanddicke gefährdet ist, man vergleiche die in Abb. 47 ersichtlichen Verformungen. Ein solches Band verbessert die Festigkeitsverhältnisse bei starker Ausladung (größeres Moment). Bei *12* soll ein ähnlicher Zweck durch Rippen erreicht werden. Läßt die Sicherung *11* dünne Röhren zu, so sind anderseits bei *12* Flansche geringer Dicke oder großer Ausladung verwendbar. Die Rippen sind da, wo sie ans Rohr anliegen, zuzuschärfen, um einen sanften Übergang für die Kraftlinien zu schaffen, man vergleiche hiezu die Ausführungen von Kap. 24, nur geringe Flankennähte sind zulässig.

Der Vollständigkeit halber sind in den Vorlagen *13* bis *15* Flansche dargestellt, die auf die volle Trommelwand geschweißt werden. *16* betrifft einen Flansch mit gleichzeitigem Dampfmantelanschluß.

Vorlage *17* betrifft einen Stützflansch. Die Vorzüge liegen in den verminderten Biegungsspannungen und, wegen geringer Flanschdicke, in der Elastizität. Der Packungswerkstoff muß in diesem Falle hart sein (Kupfer, Elektrolyteisen). Stützflansche eignen sich in vielen Fällen vorzüglich, sie sollten besser gewürdigt werden als bisher.

Vorlagen *21* bis *24*, Abb. 78, betreffen Verbindungen von Rohrböden mit Flanschen, anschließend an Abb. 73 (*21* bis *25*). Der Rohrboden *21*, Abb. 78, für gewalzte Röhren ist dicker als Rohrboden *22* für geschweißte Röhren, in beiden Fällen ist der Rohrboden bei der Einspannungsstelle dünn, d. h. federnd gehalten, was erwünscht ist im Hinblick auf die ungleichen Temperaturdehnungen von Siederöhren und Zylindermantel. Abb. 78, *23* und *24*, sind weitere Möglichkeiten solcher Verbindungen.

2. Die Berechnung der Flansche.

Die verschiedenen Berechnungsarten für Flansche können hier nur gestreift werden. Was hier in erster Linie berührt, ist die Festigkeit der Nähte, mit Bezug auf diejenige der Flansche selbst sei auf die nachbezeichneten Quellen verwiesen. Es gibt geradlinige und Ringflansche.

a) Geradlinige Flansche. Die Berechnung der axial gerichteten Flansche zylindrischer Turbinengehäuse wird von Prof. Stodola angegeben[1].

[1] Dampf- und Gasturbinen, Kap. 98. Berlin: Julius Springer.

b) Ringflansche. Eine Theorie der Beanspruchung von losen und festen Flanschen stammt von Westphal[1]. Für lose Flansche ist

$$\sigma_{\max} = \pm \frac{3P(D_a - D_i)}{\pi d_i b^2 l_n \frac{d_a}{d_i}} = \pm \frac{3P(R_a - R_i)}{\pi r_i b^2 \ln \frac{r_a}{r_i}} \text{ (kg/cm}^2\text{)}. \quad (1)$$

P Gesamtbelastung (kg), wirksam im Schraubenkreis mit D_a, übertragen auf einen Kreis mit D_i; d_i Lichtweite des Flansches, d_a äußerer Flanschdurchmesser, b Flanschdicke in cm. In einer der verschiedenen Arbeiten über Flansche gibt Bach[2] für die Berechnung des Flanschhalses für Flußeisen die Gleichung

$$\sigma = \sigma_z + \sigma_b = \frac{dp}{4s} + \frac{3\mu\psi p d x}{2s^2} \text{ (kg/cm}^2\text{)}, \quad (2)$$

worin $\psi \geqq \left(\frac{d+s}{d}\right)^2 \sim 1{,}15$ bis $1{,}35$ das Verhältnis von Dichtungsdurchmesser zu Gefäßdurchmesser. Entsprechend der Festigkeitszunahme des Rundflansches infolge Biegungssteifigkeit gegenüber dem geradlinigen ist $\mu \leqq \frac{1}{3}$ für Flußstahl, x ist Hebelarm der Verschraubung (Auflagerhalbmesser bis Schraubenkreishalbmesser, wie Abb. 79/*1*).

Für die Berechnung der Flansche nach der Plattentheorie gibt ten Bosch Erläuterungen[3]. Wiederkehr zeigt eine solche Lösung[4].

In den meisten Kulturstaaten sind die Flansche, wie schon angegeben, genormt, die Berechnungsmethoden sind in der Regel auf den Spannungszustand des in die Gerade abgewickelten Flansches aufgebaut[5], wie bei Bach.

Deutsche Normen DIN 2505, Abb. 79/*1*. Maße in mm, Pressungen in kg/cm², Beanspruchungen in kg/mm².

Flußstahl St 42.11

$$s_1 = \sqrt{0{,}62\left(1 + \frac{p}{700}\right)\frac{p\,d\,x}{100\,k_b}}, \qquad b = \sqrt{1{,}12\left(1 + \frac{p}{700}\right)\frac{p\,d\,x}{100\,k_b}}. \quad (3)$$

Die Festigkeit $$k_b = \frac{pd}{200\,s} = \frac{pd}{200\left(\frac{pd}{200\,k_z} + 1\right)}.$$

Der Wert kann einem Kurvenblatt entnommen werden, er ist von der kennzeichnenden Zahl pd (Nenndruck in kg/cm² × Nennweite in mm) abhängig, entsprechend folgender Übersicht.

---

[1] Z. VDI 1897 S. 1036. [2] Z. bayer. Revis.-Ver. 1901 S. 1.

[3] Maschinenelemente Heft 5. Berlin: Julius Springer.

[4] Z. Technik und Betrieb. Zürich 1924.

[5] Es hat sich gezeigt, daß die auf dieser Grundlage berechneten Flansche bei verhältnismäßig geringer Abmessung bzw. geringer Rohrweite den Anforderungen entsprechen. Flansche großer Röhren sollten in der Berechnung der Elastizitätslehre besser angepaßt werden. Es läßt sich leicht nachweisen, daß die Rohrweite bedeutenden Einfluß auf die Verformung der Flansche nimmt, wie übrigens aus Gl. (1) hervorgeht.

$pd/10^3$	1	2	3	5	7	10	15
k_b für St 34.11 . . kg/mm²	2,9	4,4	5,2	6,1	6,5	6,8	7,3
k_b für St 42.11 . . „	3,3	5	6	7,1	7,7	8,3	8,8

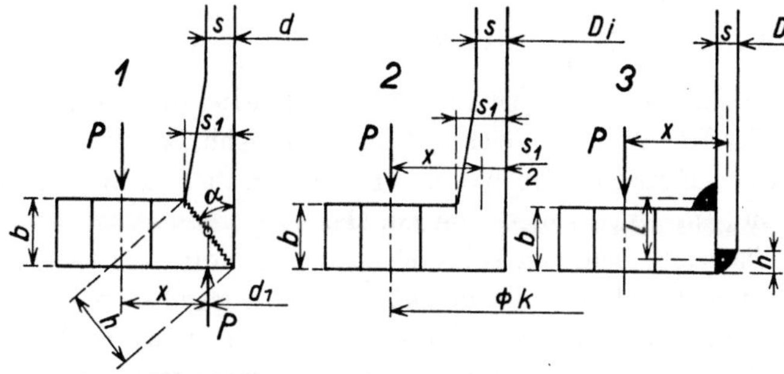

Abb. 79. Flanschprofile (Berechnung der Flansche).

Schweizerische Normalien (VSM)[1], Abb. 79/*2*. Maße in cm. Betriebsdruck in kg/cm². Beanspruchungen in kg/cm².

$$s_1 = 0{,}75b\,, \qquad b = \sqrt{1{,}1\varphi\frac{pD_i x}{\sigma_{b\,\mathrm{zul}}}}\,. \tag{4}$$

$$p \text{ ist Nenndruck,} \qquad \sigma_{b\,\mathrm{zul}} = \beta\,\sigma_{\mathrm{zul}}\,.$$

$$\text{Stahl I:}\quad \varphi \sim \left(1+\frac{p}{700}\right), \qquad \beta = 1, \qquad \sigma_{b\,\mathrm{zul\,max}} = 800\ \mathrm{kg/cm^2},$$

$$\text{Stahl II:}\quad \varphi \sim \left(1+\frac{p}{700}\right), \qquad \beta = 1, \qquad \sigma_{b\,\mathrm{zul\,max}} = 1000\ \mathrm{kg/cm^2},$$

$$\text{Gußeisen:}\quad \varphi \sim \left(1+\frac{p}{150}\right), \qquad \beta = 1{,}5, \qquad \sigma_{b\,\mathrm{zul\,max}} = 375\ \mathrm{kg/cm^2},$$

$$\sigma_{\mathrm{zul}} = \frac{pD_i}{2s} = \frac{pD_i}{2\left(\frac{pD_i}{2\sigma}+c\right)}\,.$$

$\sigma_{b\,\mathrm{zul}}$ bzw. σ_{zul} sind einem Kurvenblatt (18300/16) zu entnehmen, Werte in Funktion von pD_i (Nenndruck kg/cm² × Nennweite in cm), Zahlenwerte:

pD_i	(kg/cm² · cm)	20	50	100	200	400	1000	5000
$\sigma_{b\,\mathrm{zul}}$ Stahl I	kg/cm²	95	185	300	440	550	700	800
$\sigma_{b\,\mathrm{zul}}$ Stahl II	„	95	200	340	500	670	850	950
$\sigma_{b\,\mathrm{zul}}$ Gußeisen	„	23	52	90	150	220	320	380

Zur Berechnung der Scheibenflansche, Abb. 79/*3*, Vorlagen *7* bis *9* von Abb. 78, findet Gl. (4) Anwendung, wenn man für φ sowie für die oben angegebenen Werte $\sigma_{b\,\mathrm{zul}}$ diejenigen von Gußeisen berücksichtigt, womit diese Scheibenflansche etwas dicker ausfallen als Vorschweißflansche.

[1] Normalien des Vereins schweizerischer Maschinen-Industrieller (Zürich), Blätter 18300/10 bis 20.

Beispiel. Scheibenflansch gemäß Abb. 79/3 zu berechnen für $D_i = 100$ cm, $p = 10$ kg/cm², $s = 1$ cm, Flanschbohrung $D_a = 102$ cm, $x = 5$ cm. Gemäß Gl. (4) und unter Benützung der Werte für Gußeisen $\varphi = (1 + p/150) = 1{,}066$ und $\sigma_{b\,\text{zul}} = 320$ kg/cm² für $pD_i = 1000$ wird $b = \sqrt{1{,}1 \cdot 1{,}066 \frac{10 \cdot 100 \cdot 5}{320}} \infty 4{,}3$ cm.

In den Gl. (3) und (4) ist die Flanschbreite nicht berücksichtigt, sondern der Hebelarm x, der aus *1* bis *3* von Abb. 79 hervorgeht. Hinsichtlich der Flanschbreite hat der Ersteller daher mehr oder weniger freie Hand, im Unterschied von Gl. (1).

Die Flanschberechnung sollte sich auch auf die Nähte erstrecken. Diese sind nicht bloß in der gemäß S. 46 u. f. gegebenen Art, Gl. (14) u. f., beansprucht, sondern außerdem durch das statische Moment, das auf den Flansch wirkt[1]. Bei gut ausgeführten Flanschen kann die Nahthöhe ungefähr gleich der Rohrwanddicke gemacht werden.

3. Verschlußvorrichtungen für Dampfgefäße (Autoklaven).

Die Dampfgefäßverschlüsse bilden ein den Flanschverbindungen verwandtes Gebiet und mögen daher im Zusammenhang damit behandelt werden.

Bei vielen Dampfgefäßen oder Druckbehältern (Autoklaven) müssen die Deckel im Betrieb öfters abgehoben, später wieder geschlossen und dicht gemacht werden. Je nach Art und Größe der Gefäße und nach dem Innendruck sieht man die verschiedenartigsten Ausführungen der Verschlüsse, nicht alle davon sind mustergültig durchgebildet. Es erscheint daher erwünscht, den Stoff zu ordnen und gute

---

[1] Behelfsmäßig können die Nähte wie folgt berechnet werden: Die Haftfläche einer Naht gemäß Abb. 79/3 ist $F_S = \pi(D_i + 2\,s)h$, die ganze Haftfläche das Doppelte. Im Hinblick auf die Bruchfestigkeit K_α, Gl. (14) Kap. 5, wird ohne Berücksichtigung des statischen Momentes die Bruchfestigkeit der Nähte

$$Q_1 = 2F_S K_\alpha = 2\pi D_a h \cdot 100 \frac{15h + 40}{h + 1} \text{ (kg u. cm)}, \qquad \text{(a)}$$

worin $D_a = D_i + 2\,s$. Aus den Flanschversuchen Kap. 10, Abb. 47, kann auf die Gesamtbeanspruchung geschlossen werden. Erreicht wurde bloß eine solche von rd. 58% der gemäß Gl. (14) Kap. 5 berechneten. Der Abminderungsfaktor beträgt in diesem Fall $(b + 1) : (b + 3{,}5)$, so daß für den Bruch der Flanschnähte bloß die Last erreicht wird

$$Q_1 = 200\pi D_a h \frac{15h + 40}{h + 1} \frac{b + 1}{b + 3{,}5} \text{ (kg u. cm)}. \qquad \text{(b)}$$

Die zulässige Last $Q_2 = p\pi D_i^2/4$ ist um den Sicherheitsgrad ξ geringer, und ξ sollte nicht unter 10 liegen. Für die Rechnung muß h angenommen werden.

Beispiel. Die Nahthöhe h des Beispieles hiervor werde 0,8 cm angenommen, dann ist die Bruchlast $Q_1 = 200 \cdot \pi \cdot 102 \cdot 0{,}8 \cdot \frac{52}{1{,}8} \cdot \frac{5{,}3}{7{,}8} \infty 1000000$ kg. Die Last $Q_2 = 10 \cdot \pi \cdot 100^2/4 = 78600$ kg. $\xi = Q_1 : Q_2 = 12{,}7$fach.

Vorlagen bekanntzugeben. Eine Zusammenstellung bringt Abb. 80. Damit ist weder jede Möglichkeit erschöpft noch gesagt, daß das Gebotene später nicht noch weiter entwickelt werden könne.

Bei der Einordnung in verschiedene Klassen können wir etwa so vorgehen, daß wir unterscheiden, ob die Deckel und Böden nämlicher Gefäße

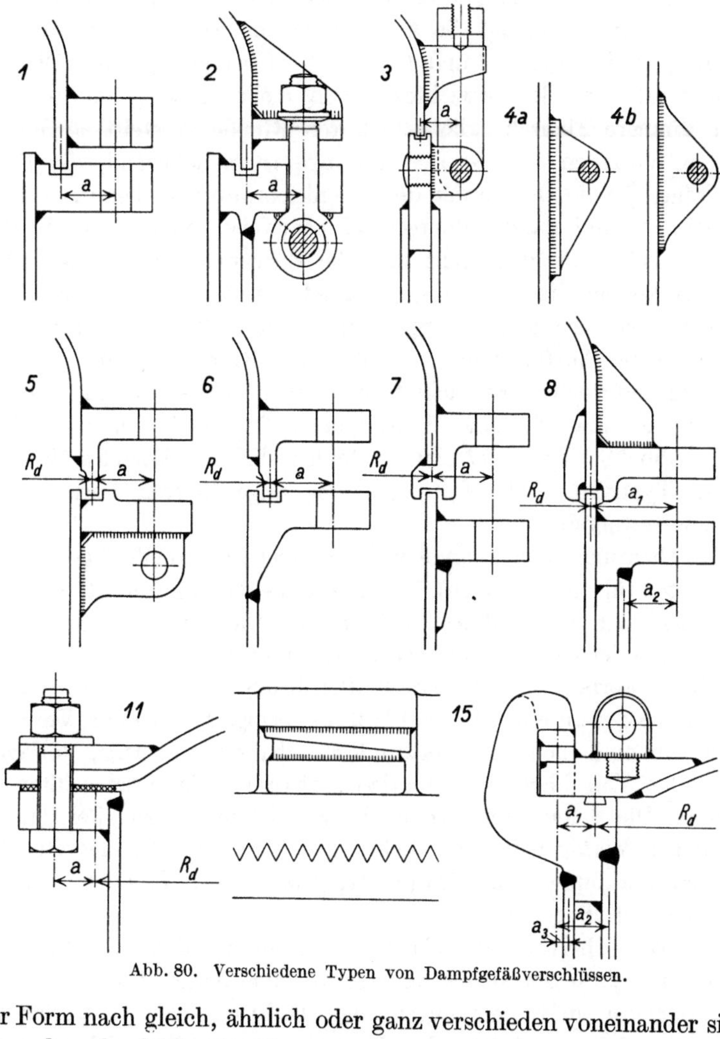

Abb. 80. Verschiedene Typen von Dampfgefäßverschlüssen.

ihrer Form nach gleich, ähnlich oder ganz verschieden voneinander sind. Sie werden als gleichgeformt vorausgesetzt in der Reihe *5* bis *8*, als ähnlich bei *1* bis *3*, verschieden sind sie jedoch bei *11*, *15*, Abb. 80.

Die Vorteile im Falle der Reihe *5* bis *8* sind doppelter Art, sie bestehen in der Einfachheit der Anordnung, die sich schon beim Bezug der Böden lohnt, und sodann darin, daß der Dichtungshalbmesser (R_d) am kleinsten wird. Sind die Beschickungsgefäße mit Dampfmänteln zusammengebaut, so können zur Vereinfachung Gefäßdeckel und Dampfmantelböden gleiche Form haben, Fall *2*. Überhaupt ist in der Abb. 80 hinsichtlich der Vereinigung der Deckel und Gefäße auf die Dampfmäntel Rücksicht genommen.

Nach den Deckeln sind es die Flansche, auf deren Form und Bemessung es bei derartigen Verschlüssen ankommt. Ist das Biegungsmoment klein, so genügt die Anwendung von Scheibenflanschen nach der Art, wie bei Typen *1* und *11* gezeigt. Über eine gewisse Dicke der Ringe wird man des Gewichtes wegen nicht gerne gehen, es können dann dünnere Flansche, die man durch Rippen versteift, angewendet werden, Vorlagen *2, 5, 8*. Der Gedanke ist naheliegend, die Rippen als Träger für die Drehzapfen der Gelenkschrauben zu benützen, Fall *5*, die Rippen sind dann entsprechend paarweise anzuordnen. Sind besondere Träger für die Drehzapfen der Schrauben oder Deckelgelenke nötig, so können diese in Stahlguß ausgeführt und gemäß *4a* angebracht werden, oder als einzelne Rippen, in diesem Fall geformt wie bei *4b*, es sei an die Ausführungen von Kap. 24 (Rippen) erinnert. Weniger wirksam und doch in Betracht fallend für die Unterstützung oder Versteifung der Flansche sind Reifen gemäß *7*, Abb. 80; man vergleiche hiezu Abb. 78, Typus *11*. Zu empfehlen sind die Vorschweißflansche gemäß Typus *6*, Abb. 80, wegen der angenäherten Form gleicher Biegungsfestigkeit.

Die Dichtungsrinne kann oben angeordnet werden (Vorlagen *7* und *8*) oder unten (übrige Vorlagen). Hierin entscheiden die Anforderungen des Betriebes, auch die Wahl des Stoffes für den Dichtungsring und seine Befestigung in der Rinne. Bei Oberlage der Rinne kommt der Dichtungsring mit dem Fabrikationsgut nicht in Berührung, was oft erwünscht ist.

Vorlage *3* stellt einen Verschluß für geringe Drücke dar, Vorlage *11* einen sehr einfachen Verschluß mit Flachringpackung, Vorlage *15* bringt den Vorschlag eines Keilverschlusses in geschweißter Ausführung. Die Schweißung erhöht die Möglichkeit hiezu. Bei den verschiedenen Vorlagen ist der Dichtungshalbmesser (R_d) und Hebelarm des Verschraubungsmomentes (a) angegeben; öfters fallen verschiedene Hebelarme in Betracht.

Zur Berechnung der Flansche müssen die Schraubenkräfte bekannt sein. Sie setzen sich zusammen aus dem Anteil des Innendruckes $P_1 = p R_d^2 \pi / n$ und demjenigen des Dichtungsdruckes Q für jede Schraube. Beim Anziehen der Muttern wächst der Dichtungsdruck von 0 bis Q mit p bzw. $P_1 = 0$. Die Betriebsbeanspruchung jeder Schraube ist $P_1 + Q$. Das Drehmoment für das Anziehen der Muttern ist, mit d für den äußern Schraubendurchmesser und d_1 für den Kerndurchmesser, für Spitzgewinde nach Bach[1]

[1] Maschinenelemente I. Leipzig: Kröner.

$$M_d = 0{,}1 Qd \sim 0{,}11 Qd_1 \quad \text{Last (Dichtung)},$$
$$M_r = Q\mu \cdot 0{,}75 d = 0{,}075 Qd \quad \text{Reibung},$$
$$M_t = M_d + M_r = 0{,}175 Qd,$$

nach ten Bosch[1]

$$M_t = M_d + M_r = (0{,}11 + 0{,}12)\, Qd_1 = 0{,}23 Qd_1.$$

Der Unterschied im Wert von M_t nach beiden Gleichungen ist gering, der Wert sowieso nur angenähert. Nach Annahme einer Hebellänge (Mutternschlüssel) und der Kraft des Anziehens läßt sich Q bestimmen. Bei schlechtem Mutternsitz und verspannten Flanschen — ein häufiger Fall — sind noch die Biegungsspannungen im Schraubenkern zu berücksichtigen. Die Schrauben können nun nach den Normalien der verschiedenen Länder berechnet werden, die den betr. Erstellern geläufig sind. Bei kleinen Schrauben darf man nicht zu knapp rechnen, es ist bekannt, daß diese beim Anziehen allein schon bis nahe unter die Streckgrenze beansprucht werden. Rundgewinde bewährt sich besser bei den Schrauben als Spitzgewinde.

Die Flansche können sodann gemäß den Gl. (3) und (4) (Kap. 19, Flanschkapitel) berechnet werden. Wenn es Scheibenflansche sind, gemäß Abb. 80/*1*, ist Gl. (4) zutreffend, indem man für φ und $\sigma_{b\,\mathrm{zul}}$ die entsprechenden Werte für Gußeisen berücksichtigt, um etwas größere Flanschdicken zu erhalten (in den schweizerischen Normalien so durchgeführt). Es ist noch darauf hinzuweisen, daß verschiedene Normen für kleinere und mittlere Rohrleitungen gute und in der Praxis auch erprobte Ausführungen liefern, für große und größte Durchmesser, wie diese im Behälter- und Rohrbau vorkommen, erscheinen die den Normen entsprechenden Flansche in den Abmessungen jedoch etwas knapp, so daß Vorsicht geboten erscheint[2].

Über die Berechnung der Deckel finden sich Ausführungen in Kap. 18.

20. Füße und Stützen.

Durch die Auflagerdrücke werden die Schalen der Kessel und Behälter zusätzlich beansprucht. Die Zusatzspannungen sind durch eine zweckmäßige Art der Lagerung so gering als möglich zu halten.

[1] Vorlesungen über Maschinenelemente Heft 2. Berlin: Julius Springer.

[2] Vergleicht man die aus den Normalien hervorgehenden festen Flansche mit losen, zu berechnen mit der Gl. (1) Kap. 19, und ersetzt darin annäherungsweise $P = \pi R_a^2 p$ durch $\pi r_i^2 p$ (wobei die Dichtungskraft, insgesamt nQ, vernachlässigt wird), so daß

$$b = \sqrt{\frac{3}{2{,}3}\, r_i\, p\, \frac{R_a - R_i}{\sigma_{\max} \log r_a/r_i}} \quad (\text{cm u. kg/cm}^2),$$

so bemerkt man bei verschiedenen Werten von r_i, sonst jedoch gleichen Verhältnissen, ein erheblich rascheres Ansteigen der Flanschdicke mit zunehmendem Gefäßhalbmesser r_i als bei Benützung der Gleichungen (3) und (4).

1. Liegende walzenförmige Hohlkörper.

Liegende walzenförmige Körper, also Kessel und Behälter, sind auf zwei Stützen zu lagern nach Art der Kragträger, die Auflagerung ist dann statisch bestimmt[1]. Die Biegungsmomente der Teile außerhalb und innerhalb der Stützen werden gleich groß und dem Wert nach am geringsten für die Stützenweite

$$a = 0{,}586\,l \backsim 0{,}6\,l\,.$$

Werden solche Körper auf mehr als zwei Stützen gelagert — wie dies früher öfter geschah —, so ist nicht nur die Berechnung der Auflagerdrücke wegen des statisch unbestimmten Falles schwierig, sondern es entsteht die Gefahr, daß einzelne Füße sich senken, worauf der Lagerplan gestört ist, die Auflagerverhältnisse können dann höchst ungünstig werden und der Schale und den Nähten schaden. Hierzu Abb. 82, Kap. 21, und Abb. 87, 88, Kap. 22.

Die Schalen der Dampfkessel sind meistens so stark, daß auch große Auflagerabstände, z. B. bei langen Flammrohrkesseln, nicht übermäßige Zusatzspannungen hervorbringen. Dagegen kann es vorkommen, daß Lagerbehälter aus verhältnismäßig dünnem Blech zusätzlich gestützt werden müssen bei der Wasserdruckprobe. Hiezu gehört, daß man die Schale in der Stützebene durch Ringe in- oder auswendig aussteift, man vergleiche Abb. 88, Kap. 22. Hiezu kann Formeisen verwendet werden.

Einen besonderen Fall bildet bei der Lagerung walzenförmiger Hohlkörper übereinander derjenige, bei dem der obere gefüllte sich auf den untern leeren stützt. Um eine übermäßige Verformung der Schale durch die Auflagersättel zu vermeiden, sind diese möglichst an den Enden anzuordnen, so daß die Versteifungswirkung der Böden zur Geltung kommt. Bei solcher Anordnung darf die Behälter- (Tank-) Länge ein gewisses Maß nicht überschreiten, sollen übermäßige Biegungsspannungen in Behältermitte vermieden werden.

2. Stehende walzenförmige Hohlkörper.

Es muß als Fehler erklärt werden, wenn man die Stützen stehender Dampfgefäße oder Druckbehälter an den Böden, die die empfindlichsten Teile des Hohlkörpers darstellen, angreifen läßt, obwohl dies öfters geschieht. Die Stützen bzw. Füße müssen grundsätzlich an der Zylinderschale befestigt werden, wie in Abb. 81, *1* und *2* gezeigt. Diese Verbindung ist weiterhin darin zweckmäßig, daß Boden- und Zylinderschale durch die Stützen laschenartig zusammengehalten werden. Bei leichteren Gefäßen, wie in Fall *3* angenommen, mag die Stützung zur Hälfte an der Schale, zur Hälfte am Boden erfolgen, jedoch nicht in der Krempe.

---

[1] Z. VDI 1918 S. 141.

Die Lagerung auf 3 Stützen ist statisch bestimmt. Ist das aufzustellende Gefäß gewissen Temperaturschwankungen ausgesetzt und der Durchmesser von erheblicher Größe, so muß für die Verschiebbarkeit der Füße gesorgt werden. Hiefür gibt es verschiedene Lösungen. Man nimmt den Fixpunkt gemäß Vorlage *4* in der Mitte an (bei *D*) und läßt jedem der drei Auflagerpunkte nur Spiel in einer Richtung (durch Nut und Feder, *a* untere, *b* obere Auflagerplatte im Aufriß). Oder der Fixpunkt wird gemäß *5* in einen Fuß (*A*) verlegt, die andern Füße sind dann beweglich zu lagern, auf Walzen, Stelzen oder geschmierten Unterlagen.

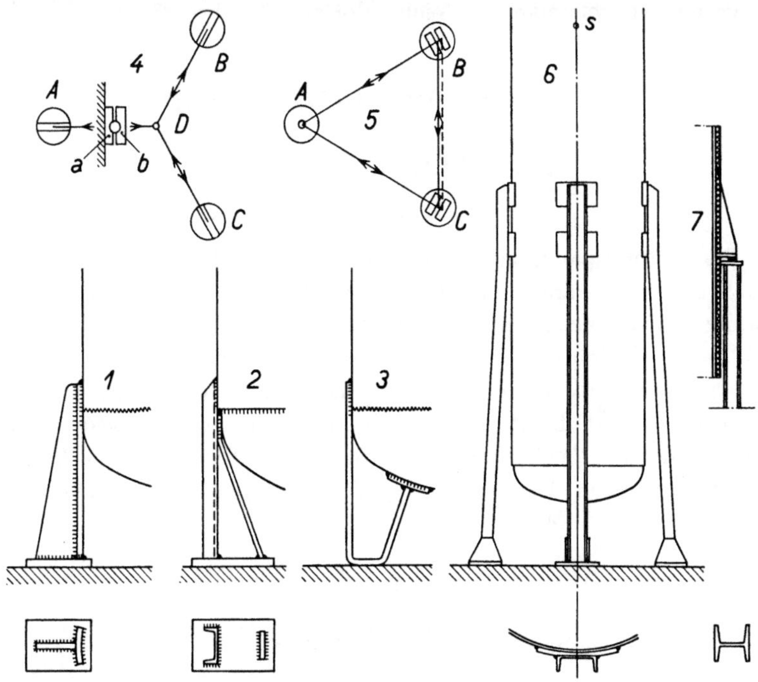

Abb. 81. Stützung senkrechter Hohlkörperwalzen.

Im gleichschenkligen Dreieck sind die Walzen wie bei *B* und *C* gezeichnet anzuordnen, die Wärmedehnung in Richtung *BC* wird dann von selbst durch die Verlängerung dieser Strecke ausgeglichen (gestrichelte Linie).

Nimmt die aufrecht stehende Walze bedeutende Länge an, wie dies bei Speichern usw. der Fall sein kann, so genügt die Stützung durch untergeschobene Füße nicht mehr. Soll der Umsturz bei Erdbeben vermieden werden, so müssen auch horizontal auf die Masse wirkende Kräfte aufgenommen werden. Der Abstand der Befestigungsstellen der Stützen vom Schwerpunkt darf also nicht zu groß werden. Man kann den stehenden Behälter in einen Tragring hängen oder, wie bei *6* von Abb. 81 angegeben, Pratzen an die Wand anschweißen und die Füße in sicherer Weise an den Pratzen festmachen. Nach anderem Vorschlag besorgen bei *7* vier feste Konsolen die Abstützung. Von den Konsolen wird das Gewicht in einzelnen Punkten, d. h. durch Linsen auf einbetonierte Stützen, z. B. Differdinger Träger, übertragen. Diese Anordnung begünstigt das Anbringen einer Wärmeschutzschicht (kreuzweise schraffiert in der Abb. 81/*7*).

Sind Horizontalkräfte durch die Stützen aufzunehmen, so hat man sich zu überlegen, ob bloß 3 Füße zu wählen sind oder ob, zur Vergrößerung der Standfläche, die Zahl derselben auf 4 oder darüber zu vermehren sei, man vergleiche Vorlage *6*, Abb. 81.

V. Sicherungsmaßnahmen.

21. Schraubengangnähte.

1. Theoretische Überlegungen.

Die Normalspannung der Längs- bzw. Rundnaht einer Zylinderschale σ_2 bzw. σ_1 kann gemäß Gl. (8) bzw. (9), Kap. 3, berechnet werden. Die Normalspannung einer schräg zur Ringtangente gerichteten Naht, d. h. einer Schräg- oder Schraubengangnaht, muß dem Wert nach zwischen σ_1 und σ_2 liegen. Vernachlässigt man die Spannung in radialer Richtung σ_3 und denkt sich die Koordinatenachsen in beide Hauptrichtungen *1* und *2* gelegt, so werden in einem Schnitt, der den Winkel φ mit der größeren Hauptspannung *2* (Ringtangente) einschließt, die Spannungen nach Mohr[1]

$$\text{normal} \quad \sigma' = \frac{\sigma_2 + \sigma_1}{2} + \frac{\sigma_1 - \sigma_2}{2} \cos 2\varphi\,, \tag{1}$$

$$\text{längs} \quad \tau' = \frac{\sigma_2 - \sigma_1}{2} \sin 2\varphi\,. \tag{2}$$

Praktisch wird man für Schraubengangnähte den Winkel mit der Ringtangente nicht $<45°$ nehmen, sonst wird die Naht zu lang. Bei einem Winkel $>45°$ ist die Verringerung von σ' gegen σ_2 zu gering. Hinsichtlich des Winkels mit der Erzeugenden ist das Umgekehrte zu sagen.

Setzt man in die Gl. (1) und (2) die Werte von σ_2 und σ_1 gemäß Gl. (8) und (9), Kap. 3, ein und berücksichtigt $\varphi = 45°$ und $2i = D$, so ist

$$\sigma' = \frac{3}{8}\frac{Dp}{s} = 0{,}375\frac{Dp}{s} = 0{,}75\sigma_2\,, \tag{3}$$

$$\tau' = \frac{1}{8}\frac{Dp}{s} = 0{,}125\frac{Dp}{s} = 0{,}25\sigma_2\,. \tag{4}$$

[1] Föppl: Vorlesungen, Festigkeitslehre.

Noch bequemer benützt man den Mohrschen Spannungskreis. Für $\varphi = 45^\circ$ ist τ' ein Maximum.

Im Hinblick auf die gemäß Gl. (4) bestehende Schubspannung von 25% von σ_2 kann der Sicherheitsgrad (x) bei der Berechnung von Trommeln mit Schraubengangnähten nicht wohl auf 75% desjenigen für gewöhnliche Längsnähte vermindert werden. Man kann, da Gl. (21), Kap. 3, nicht anwendbar ist, den Sicherheitsgrad x zu $0{,}80\,x$ einschätzen (wie in schweizerischen Richtlinien angenommen), so daß die Wanddicke solcher Trommeln berechnet werden kann gemäß

$$s = 0{,}8\,\frac{D p x}{200\,K_n v} + 1 \text{ (mm)}. \tag{5}$$

Unter Benützung der Hypothese der konstanten Gestaltsänderungsenergie (siehe Kap. 3, Gl. (32) und Kap. 4, Gl. (3)) schlagen Roš und

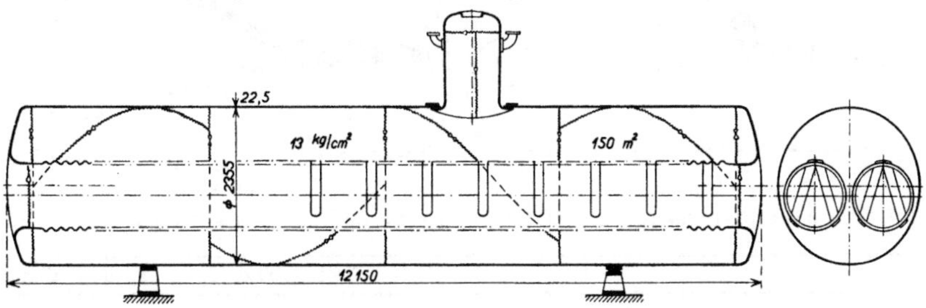

Abb. 82. Zweiflammrohrkessel mit Schraubengangnähten.

Eichinger[1] für solche Nähte, wenn sie auf Ursprungsfestigkeit beansprucht sind, vor, wenn σ_2 die Ringspannung bedeutet:

$$\sigma_{0\,\text{zul}} > \sqrt{\left(\frac{\sigma_2}{\alpha_2}\right)^2 + 3\tau^2} = \sqrt{\left(\frac{0{,}75\,\sigma_2}{0{,}7}\right)^2 + 3\,(0{,}25\,\sigma_2)^2} = 1{,}15\,\sigma_2\,. \tag{6}$$

Allgemein gilt die Regel

$$\sigma_{0\,\text{zul}} = \frac{K_n}{x} \geqq \sigma_2\,,$$

hier im besonderen

$$0{,}87\,\sigma_{0\,\text{zul}} = \frac{K_n}{x'} \geqq \sigma_2\,.$$

In diesem Fall ist der Sicherheitsgrad x' auf 87% von x zu vermindern. — Abb. 82, einen Dampfkessel mit Schrägnähten darstellend, läßt erkennen, daß die Schrägnähte verschiedener Kesselschüsse nicht fortlaufend sein müssen, sie können versetzt sein, man wird Beginn und Ende absichtlich verschieben.

Der höheren Sicherheit gegenüber stehen höhere Kosten der Herstellung, die Naht ist um 40% länger, der Blechverlust ist mit b^2 einzuschätzen, wenn b die nutzbare Breite der Walztafel.

[1] Festigkeit geschweißter Verbindungen. Schweiz. Arch. angew. Wiss. u. Techn. 1935 Nr 3 und 5 (Solothurn).

Eine Abart der Schraubengangnaht ist die Zickzacknaht, Abb. 85. Sie bleibt in der Anwendung vereinzelt, wozu beiträgt, daß die verschweißten rhombischen Spitzen der Naht keinen klaren Spannungszustand ergeben.

2. Die Anwendung von Schraubengangnähten.

Dampfkessel, Dampfgefäße, Druckbehälter und Rohrleitungen mit Schraubengangnähten bestehen heute schon in beträchtlicher Zahl und namhaften Abmessungen, ein Beispiel bringt Abb. 82, einen Zweiflammrohrkessel von 150 m² Heizfläche darstellend[1], $p = 13$ atü, Lichtbogenschweißung, X-Nähte unter 45°. Die Schraubengangnaht findet auch weitgehende Anwendung bei großen Rohrleitungen[2]. Der

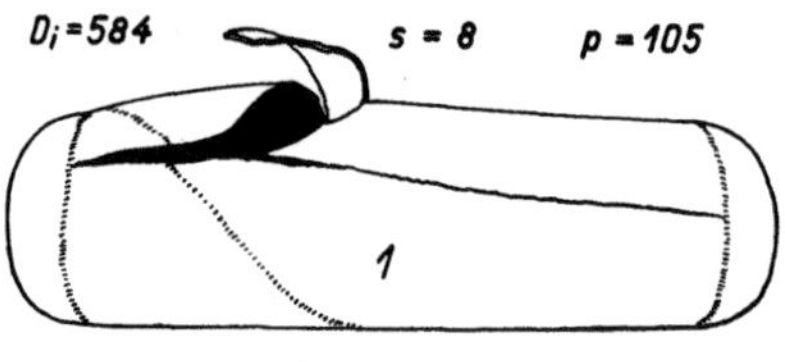

Abb. 83.

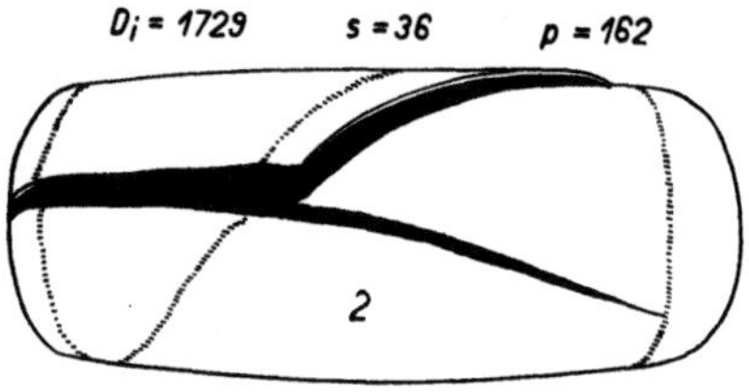

Abb. 84.

Abb. 83 u. 84. Gesprengte Probebehälter mit Schraubengangnähten, Neigung 45°.

		Probebehälter *1*	Probebehälter *2*
Innendurchmesser	mm	586	1729
Zylindrische Länge	„	2000	3860
Bodenverhältnisse r/R	„	155/455	327/1547
$e = a/b \sim$		1,9	1,9
s Blechdicke, Trommel	mm	8	36
s „ Böden	„	9	34
Blechfestigkeit	kg/mm²	35—41	43—46
Dehnung	δ_{10} %	27—23	25—23
Schweißung		Gasschm.	Lichtb.
Nahtprofil		V, el. nachgeschweißt	X[3]
Geglüht		Nein	Ja
Sprengdruck	kg/cm²	105	162
Größter i. Durchmesser	mm	683	1845
Größte Dehnung	%	16,5	6,7
s' Blechdicke gedehnt	mm	6,8	33,8
σ_2 bezogen auf s	kg/mm²	38,5	38,9
σ_2' bezogen auf s'	„	52,2[4]	44,2
$\sigma'_{2\,\mathrm{red}} = 0{,}85\,\sigma_2$	„	44,4	37,6
σ_B ungeglüht $\sim$	„	44	48
σ_B geglüht $\sim$	„	34	—

[1] Hergestellt 1933 von Gebr. Sulzer AG., Winterthur. Die Anwendung von Schraubengangnähten ist bei dieser Firma gebräuchlich.

[2] Etzelwerk (Einsiedeln, Schweiz) usw.

[3] Eine der Rundnähte hatte ein Profil gemäß Kap. 12/3, Abb. 56, Vorlage *14*.

[4] s' ist gerechnet, in Wirklichkeit dehnte sich das Blech unregelmäßig.

praktischen Anwendung sind Versuche vorangegangen, die Probebehälter für zwei Sprengversuche sind in Abb. 83 u. 84 dargestellt.

Hinsichtlich des Behälters *2* sei noch folgendes ausgeführt. Im elastischen Bereich wurde die gemessene Dehnung mit der gerechneten verglichen und Übereinstimmung gefunden, z. B. war die Erweiterung des Halbmessers bei 75 atü

$$\varDelta R = \frac{pR^2}{Es}\,\frac{2m-1}{2m} = 0{,}685 \text{ mm.}^1$$

Bei 100 atü war die Streckgrenze erreicht. Die geringe plastische Dehnung entspricht den Ausführungen von Kap. 3/2, man vergleiche hierzu das Beispiel S. 21, dem Probebehälter Abb. 84 entsprechend.

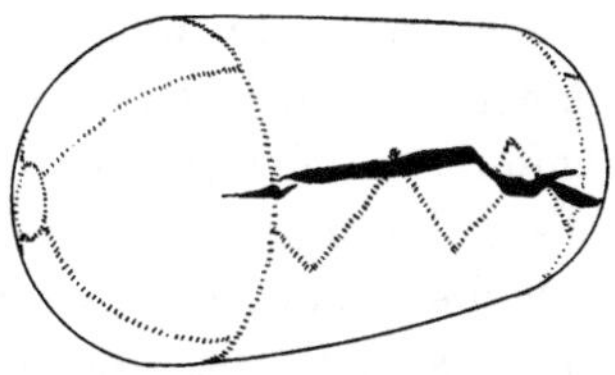

Abb. 85. Gesprengter Probebehälter mit Zickzacknaht.

Ein Sprengversuch mit einem Behälter mit zickzackförmiger Schrägnaht sei hier ebenfalls dargestellt, die Abmessungen sind 969 mm lichter Durchmesser, $s = 9{,}9$ mm, $L_{\text{zyl}} = 1414$ mm. Der Behälter barst bei der Sprengung beim Druck von 89 atü und der Beanspruchung $\sigma_2 = pD : 2s = 43{,}5$ kg/mm² (bezogen auf entsprechende Abmessungen), Bruch in Richtung der Erzeugenden, die Zickzacknaht durchbrechend[2]. Der Behälter war nicht geglüht. Das Blech hatte (vor der Probe) die mechanischen Eigenschaften $\sigma_B = 39{,}1$ kg/mm², $\delta_{10} = 24{,}5\%$. Die Ringdehnung der Trommel erreichte 3,07%.

22. Die Sicherung der Nähte durch Laschen.

1. Zweck der Laschen.

Das Schweißen von Laschen über die Nähte verfolgt den Zweck, fehlerhafte Stellen, entstanden durch die Unzuverlässigkeit des Schweißers, der Bruchgefahr zu entheben, niemals denjenigen, daß wegen des Vorhandenseins von Laschen der Schweißer in der Arbeit weniger Sorgfalt anzuwenden genötigt wäre.

Die Verwendung von Parallellaschen, von der Nietung her bekannt, ist bei geschweißten Verbindungen zu vermeiden; auf die Gefahren ist in Kap. 9 (Abb. 41) sowie in Kap. 12 (Abb. 55) hingewiesen worden. Sie bestehen in erhöhten Biegungsspannungen.

Zur Sicherung werden nach den Vorschlägen des Verfassers Stücklaschen verwendet; ihre Zweckmäßigkeit ist durch Versuche erwiesen;

---

[1] Entwicklung $\sigma_2 = \frac{pR}{s}$, $\sigma_1 = \frac{pR}{2s}$, $\varepsilon_2 = \frac{pR}{sE} - \frac{pR}{2sEm} = \frac{pR}{sE}\left(1 - \frac{1}{2m}\right)$ je cm.

[2] Wärme 1932 S. 661. Erstellung durch Mitteldeutsche Stahlwerke AG., Lauchhammerwerk Riesa.

der Beschreibung derselben ist Kap. 11 eingeräumt. Außer der Sicherung fehlerhafter Nahtstellen wird die Verstärkung verkrümmter Wände durch Stücklaschen erreicht. Durch die Wirkung der Schweißspannungen werden die Wände in der an Stäben, Abb. 33, Kap. 7, nachgewiesenen Art verkrümmt. Die Trommeln sind an den Stellen der Längsnähte überhaupt selten vollkommen konzentrisch rund gewölbt; in den unrunden Stellen entstehen Zusatzspannungen, wie in Abb. 34 gezeigt. Solchen Spannungen wirken die Laschen durch die Erhöhung der Biegungssteifigkeit entgegen[1]. Es ist erwiesen, daß die Knoten, gebildet durch Laschenpaare, imstande sind, Brüche der Längsnähte in ihrer Weiterentwicklung abzufangen.

Der Grundsatz: Nähte durch Laschen zu sichern, wird nicht allgemein anerkannt, man wirft den Laschen vor, daß sie das sonst regelmäßige Bild der Kraftfelder stören, daß die Schwingungsfestigkeit abnimmt. Anderseits ist auch von den Gegnern der Laschen zuzugeben, daß irgendwelche Verdickungen oder Verschwächungen, also auch die unentbehrlichen Flanschen und Bohrungen in den Wänden der Schalen, im nämlichen Maß störend wirken, oft noch viel mehr als Laschen. Der Spannungszustand der Nähte, die durch Laschen gesichert sind, darf, statisch genommen, heute gemäß den Ausführungen von Kap. 11 als bekannt vorausgesetzt werden. In anerkennenswerter Weise ist in der letzten Zeit der Blick durch Schwingungsversuche, an der Pulsatormaschine und durch pulsierenden Wasserdruck erweitert worden. Man darf sich aber fragen, wie weit auf diese Versuche praktisch abzustellen sei, man vergleiche hiezu die besondern Ausführungen von Kap. 11 (S. 84).

2. Formen der Laschen und Einteilung der Laschenfelder.

Unter den vielen Formen, welche die Laschen annehmen können, hat sich als Grundform das Rechteck (Abb. 86 links) bewährt. Der Größe nach sollten die Laschen in einem richtigen Verhältnis zur Größe des Kessels oder Behälters stehen, namentlich zur Blechdicke. Die Laschen können ungefähr wie folgt bemessen werden:

Für mittlere Verhältnisse, z. B. Kessel über 0,5 m Durchmesser, kann die Laschenlänge in Beziehung zum Durchmesser gebracht werden

$$l = 0{,}04D + 100 \text{ (mm)}, \tag{1}$$

bei geringerm Durchmesser D gibt diese Gleichung jedoch etwas geringe Werte für l. In solchen Fällen kann man die Laschenlänge noch etwas größer werden lassen durch Anwendung der Gleichung

$$l = 0{,}04D + s + 100 \text{ (mm)}, \tag{2}$$

[1] Sicherung geschweißter Nähte, Kap. 13. Berlin: Julius Springer.

wo s die Behälterwanddicke bedeutet. Die Laschenbreite $b = l/2{,}5$, höchstens $l/2$. Die Dicke s' einer Lasche bei paarweiser Anordnung beträgt $\frac{1}{2}s$ bei dickem Schalenblech, bis $\frac{2}{3}s$ bei dünnem.

Es empfiehlt sich, besonders bei dünnen Blechen, die Laschenlänge und Laschenbreite eines Paares ungleich zu nehmen, damit Flanken- und Stirnnähte sich hinsichtlich des Bleches nicht unmittelbar gegenüberliegen. Der Unterschied kann $1^1/_2$ Laschendicke oder mehr betragen. Für die Rechnung ist die mittlere Länge bzw. Breite zu nehmen, wie in Abb. 86 angeschrieben. Man ist darin frei, die größeren Laschen außen oder innen anzuordnen, der Verfasser bevorzugt die innere Anordnung, um außen die größeren Nahtstrecken sichtbar zu lassen, Abbildung 86. Zur Ermöglichung eines sanften Überganges der Kraftlinien von Blech an Laschen werden diese an beiden Enden zugeschärft, zugeschärfte Länge = $^1/_3$ der Laschenlänge, zugeschärfte Dicke an den Enden ungefähr 4 mm, Abb. 86. Die Enden können fächerförmig ausgebreitet werden[1]. Die Stirnnähte sind dünn zu halten, auch an nicht zugeschärften Laschen, die Flankennähte kräftig, jedoch nicht über 12 mm. Möglichst geringe „Einbrandtiefe" der Kehlnähte ist bei sonst genügender Festigkeit anzustreben. Bestehen Bedenken bezüglich der Längsspannungen einer Längsnaht, so besteht die Möglichkeit der Anwendung geschlitzter Laschen (Kap. 7, Abb. 37b u. c).

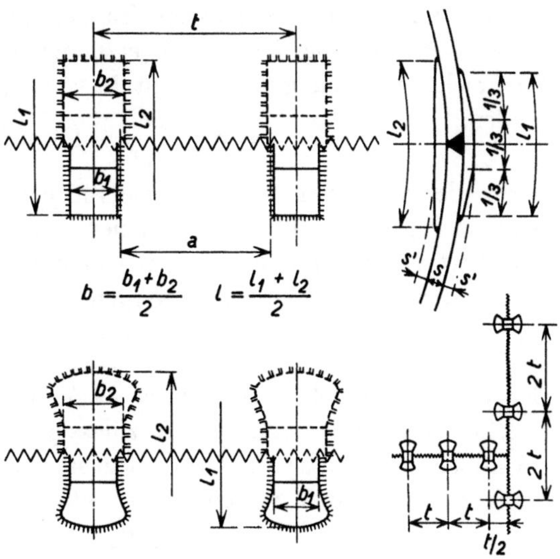

Abb. 86. Anordnung von Stücklaschen.

Zur Sicherung von Längsnähten sollten die Laschen stets einander paarweise gegenüberliegen, wie in Abb. 86 angedeutet. Einseitige Laschen verursachen Biegungsspannungen im Blech.

Hinsichtlich der Einteilung der Laschen kann als Regel gelten, daß bei Längsnähten die Teilung kleiner sein muß als bei Rundnähten, bei diesen genügt eine weniger dichte Laschenbesetzung. Zwischen jedem Laschenpaar muß ein Feld frei bleiben. Ist l die Höhe und a die

[1] Die Form ist unter der Bezeichnung Höhn-Mefi-Laschen bekannt. Die Fächerform hat den Zweck vermehrter Zulenkung von Kraftlinien.

Länge dieses Feldes gemäß Abb. 86, so kann für die Längsnähte angenommen werden:

$$l \leqq a \leqq 2l\,, \tag{3}$$

d. h. der praktisch engste Laschenabstand wird = Laschenlänge; das freie Feld wird zum Quadrat, so daß für Längsnähte

$$a = l\,, \qquad t = l + b\,. \tag{4}$$

Diese Einteilung (t) hat sich bewährt und ist zu empfehlen. Die Laschen enger zu stellen, scheint nicht notwendig zu sein. Dagegen entsteht die Frage nach der Möglichkeit, sie weiter auseinanderzurücken, d. h. $a > l$. Mit $a = 2\,l$ ist der Zwischenraum bereits so groß, daß ein wirksamer Schutz durch die Laschen fraglich wird.

Mit den vorstehenden Voraussetzungen kann die Blechdicke einer Trommel, deren Längsnaht durch Laschen gesichert wird, berechnet werden.

$$s = c\,\frac{D p x}{200 K_n v} + 1\ \text{(mm)}, \tag{5}$$

worin die Werte von x und v wie für gewöhnliche Längsnähte einzusetzen sind (Kap. 12/4) und c einen Abminderungsfaktor bedeutet. Der Wert von c wird durch die Laschenteilung t bzw. den Abstand a bestimmt und kann gerechnet werden

$$c = 0{,}6 + 0{,}2\,\frac{a}{l}\,. \tag{6}$$

Der Wert von c sollte nicht unter 80% fallen.

Für Rundnähte erscheint es zulässig, die Laschen einseitig, d. h. nur außen anzuordnen, der Grund liegt nur in der vermehrten Biegungssteifigkeit der Wände vermöge ihrer Wölbung. Wie angedeutet, kann

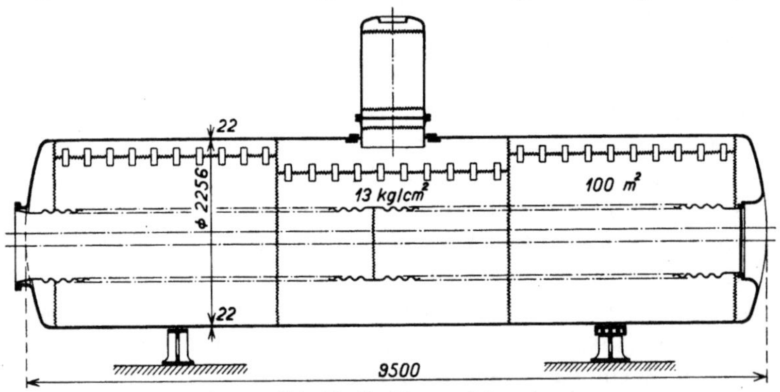

Abb. 87. Zweiflammrohrkessel.

die Laschenteilung größer genommen werden als bei den Längsnähten (in Abb. 86 $2t$ angegeben). — Vom Vorschlag der Sicherung von Nahtkreuzungen durch Ringlaschen ist man wieder abgekommen.

Beispiel. Ein Kessel (Abb. 87) hat 2256 mm Durchmesser, Druck 13 kg/cm². Nach Gl. (1) ist die mittlere Laschenlänge $l = 190$ mm, die Laschenbreite ist durch 2,5 zu dividieren, $b = 75$ mm. Mit der Annahme $a = l$ (Gl. (4)) wird die Teilung $t = 265$ mm. Der Abminde-

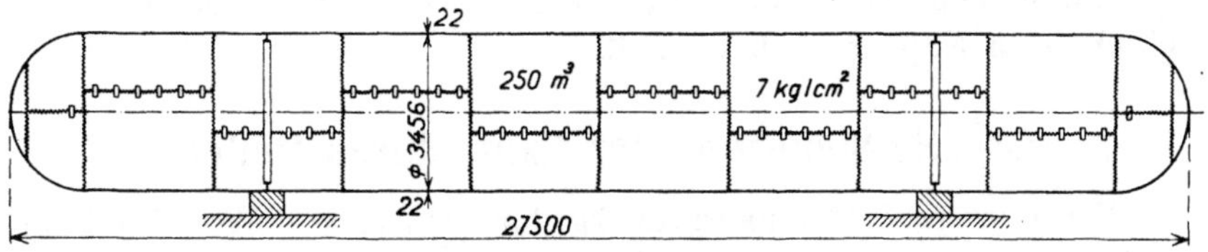

Abb. 88. Druckgasbehälter.

rungsfaktor c wird (Gl. (6)) $0{,}6 + 0{,}2 = 0{,}8$, damit kann die Wanddicke der Trommel nach Gl. (5) berechnet werden (mit $x = 4{,}5$ und $v = 0{,}7$ würde $s = 21$ mm, gemäß Abb. 87 ist 22 mm ausgeführt). Die Laschen können 12 mm dick gemacht werden, innere Lasche 200×80, außen 180×70 mm.

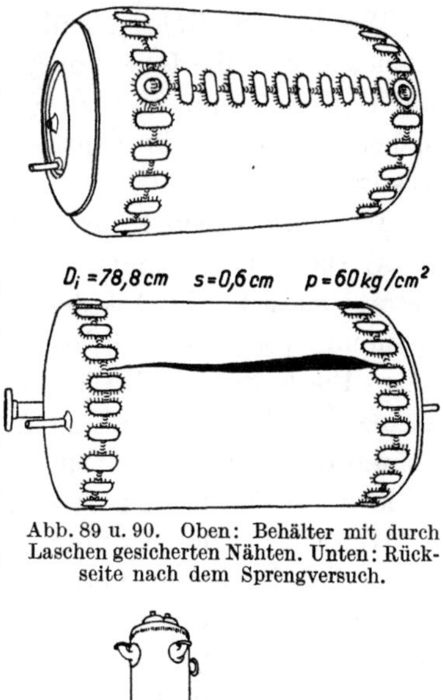

Abb. 89 u. 90. Oben: Behälter mit durch Laschen gesicherten Nähten. Unten: Rückseite nach dem Sprengversuch.

3. Praktische Anwendungen.

Dem Vorschlag, Laschen zur Sicherung der Nähte zu verwenden, gingen verschiedene Sprengversuche voraus; ein solcher Probebehälter ist in Abbildungen 89 u. 90 dargestellt[1].

Sprengungsdruck 60 kg/cm², Dehnung ε% 6,1, D_i vor Sprengung 788 mm, D_i' nachher 836 mm, s vor Sprengung 6 mm, s' nachher 5,85 mm, $\sigma_2 = Dp/2s = 39{,}4\,\text{kg/mm}^2$, $\sigma_2' = D'p/2s' = 42{,}9\,\text{kg/mm}^2$.

Zu den ersten Ausführungen (1925) gehörten ein Druckluftbehälter, $p = 30$ kg/cm², und ein Einflammrohrkessel, Abb. 91 und 92. Zu den größten der zahlreich ausgeführten Hohlkörper dieser Art gehören[2] 2 Zweiflammrohrkessel, D 2256 mm, p 13 kg/cm², Hfl. 100 m²

Abb. 91.

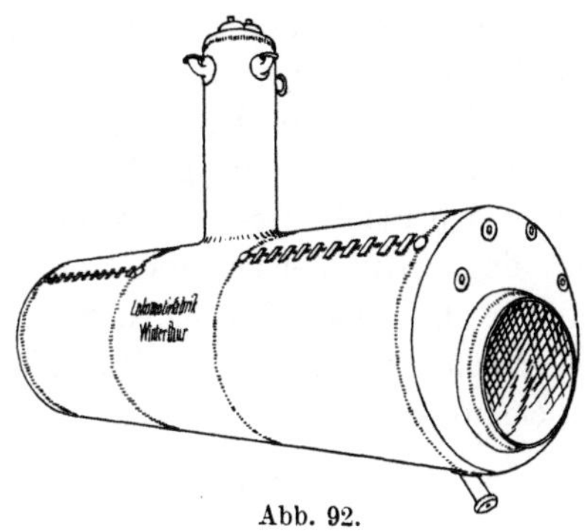

Abb. 92.

Abb. 91. Druckluftbehälter 30 kg/cm² 3 m³. Abb. 92. Einflammrohrkessel D 1568 mm, p 13 kg/cm², Hfl. 40 m².

[1] Der Sprengungsversuch wurde beim Ersteller L. & C. Steinmüller in Gummersbach ausgeführt.

[2] Ersteller Schweiz. Lokomotiv- und Maschinenfabrik Winterthur für die Kessel bzw. AG. vorm. Theodor Bell in Kriens, Schweiz, für die Druckgasbehälter.

(Abb. 87), 3 Druckgasbehälter, D 3456 mm, p 7 kg/cm², Inh. 250 m³ (Abb. 88).

Hinsichtlich der Verwendung von Laschen bei Dampfgefäßen vergleiche man Kap. 16, Abb. 69 u. 72.

23. Die Sicherung der Nähte durch Reifen.

Für Röhren von verhältnismäßig dünner Wand ist das Mittel zur Beherrschung höherer Drücke durch das Bereifen (Bandagieren) gegeben; dabei darf im Betrieb die Temperatur nicht über die gewöhnliche hinausgehen, das bevorzugte Gebiet bilden daher die Rohrleitungen der Wasserturbinen.

Wurden die Röhren früher nur mittels Wassergas geschweißt, so ist heute auch die Gasschmelz- und Lichtbogenschweißung anwendbar, der Werkstoff muß in allen Fällen leicht schweißbar sein. Dagegen bestehen die Reifen, die nahtlos sind, stets aus einem Werkstoff höherer Festigkeit.

Man unterscheidet zur Hauptsache zwei Arten der Herstellung:

a) Die Reifen (Bandagen) werden warm aufgezogen. Der Schrumpf beträgt meist 0,5 bis 1% des Durchmessers, wobei die Reifen eine Vorspannung von etwa 500 bis 1000 kg/cm² erhalten.

b) Die Reifen werden kalt aufgelegt, die Röhren durch Wasserdruck bleibend verformt, bis die Reifen festliegen. In diesem Fall ist beim Ausbohren der Reifen hinsichtlich der Form ihrer Innenfläche der späteren Wellenform der Röhren Rechnung zu tragen.

Hinsichtlich des Spannungszustandes offener Röhren (ohne Böden) im Betrieb ist daran zu erinnern, daß er zweiachsig ist, die Hauptspannungen bestehen aus denjenigen in Richtung der Ringtangente und des Halbmessers ($\sigma_2 \sigma_3$). Die Axialspannung $\sigma_1 = 0$. Das nämliche gilt für die Reifen. Im übrigen ist der Spannungszustand sehr verwickelt, um so mehr, als in der Regel die Reifen infolge der Verformung der Röhre an beiden Flachseiten die größte Pressung ausüben. Bei der Druckprobe ist der Spannungszustand der Röhren infolge der Anwendung von Böden dreiachsig, hinsichtlich der Reifen bleibt er zweiachsig.

Nach ten Bosch[1] gelten als Grundlage für die Berechnung die Gleichungen

$$\text{Reifen} \quad \frac{\varrho}{i} E = p\left(\frac{e^2 + i^2}{e^2 - i^2} + \frac{1}{m}\right),$$

$$\text{Rohr} \quad \frac{\varrho}{e} E = -p\left(\frac{e^2 + i^2}{e^2 - i^2} - \frac{1}{m}\right),$$

worin ϱ die radiale Erweiterung bzw. Verkürzung. Diese Gleichungen haben Gültigkeit für Rohrstück und Bandage von gleicher axialer Länge.

[1] Maschinenelemente Heft 1, S. 63 u. 65. Berlin: Julius Springer.

Für die Erforschung des Spannungszustandes des Rohrstücks auf der ganzen Länge stützt sich Siebel[1] auf die Differentialgleichung eines auf einer elastischen Bettung aufliegenden Trägers (Eisenbahnschwelle). Die Bezugsgröße $\sqrt{rs}$ ist ein ausschlaggebendes Maß im Verhalten bandagierter Röhren. Dehnungsmessungen an einem Rohr, $r = 151$, $s = 8$, $b \times h$ (Reifenmaße) 40×20 mm, zeigen gemäß Abb. 93, daß im Abstand $1{,}5\sqrt{rs}$ von der Reifenmitte aus die Entlastung nur noch gering ist und daß sie bei $3\sqrt{rs}$ verschwindet. ε_m der Abbildung ist die Dehnung des glatten Rohrs bei nämlichem Druck.

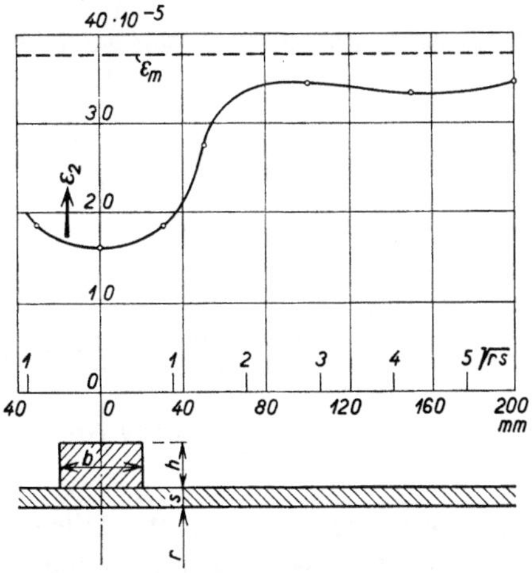

Abb. 93. Verlauf der Ringdehnung ε_2 bei einem Rohr mit Einzelreifen, gemessene Werte.

Siebel stellt fest, daß ein unbandagiertes Rohr ($D = 302$, $s = 8$, $\sigma_B = 36$) höchstens einem Innendruck von 190 kg/cm² standgehalten hätte, mit Reifen versehen konnte es, ohne zerstört zu werden, auf 290 kg/cm² gepreßt werden. Bei einem Versuch[2] mit einem bandagierten Rohr $D_i = 995$, $s = 12$, $b \times h = 47 \times 31$, $t = 120$ mm, der dem Verfasser zur Kenntnis kam, wurden 207 kg/cm² erreicht, während für ein Rohr mit einer aus dem gesamten Werkstoff sich ergebenden mittleren Dicke (15,8 mm) ein Druck von 110 bis 120 kg/cm² zu erwarten war (Blech σ_B 34, Reifen 64,8 kg/mm²).

Über Versuche (an der EMPA Zürich) mit Röhren der Gattung b finden sich Veröffentlichungen durch den Erfinder G. Ferrand (tuyaux auto-frettés)[3]. Der innere Rohrdurchmesser ist 850, Rohrdicke 19, Reifen 80 × 43, Teilung 160 mm, Werkstoff der wassergasgeschweißten Röhren C 0,06, σ_B 38, δ_{10} 30, der Reifen C 0,48%, σ_B 94 kg/mm², δ_{10} 8%. Die Reifen (frettes) haben beim Auflegen höchstens 0,01 D Spiel, die tangentiale Verstreckung ε der Röhren soll nicht unter 1,5% liegen. Der Wasserdruck zur Anpressung der Rohrwand an die Reifen beträgt ungefähr das Doppelte des Betriebsdruckes. Die Abmessungen des Versuchsrohres entsprachen dem Betriebsdruck 155 kg/cm². Der Versuch ergab: Stärkeres Fließen des Mantels bei 310, Beginn bei den Reifen bei 480 bis 530, Sprengdruck 610 kg/cm². Wirkung: Kleiner Riß

[1] Mitt. KWInst. Abh. 93, Untersuchungen von bandagierten Rohren.

[2] Im Werk Escher Wyss Maschinenfabriken AG., Zürich 1934.

[3] Veröffentlichungen: Houille blanche (Paris), März/April 1933 für La chute de la Bissorte et les tuyaux auto-frettés, und Mai/Juni 1933 für Chute du Portillon.

im Rohr. (Berücksichtigt man die mittlere Dicke über Rohr und Reifen, 40,5 mm, so hätte das Rohr mit σ_2 38 nur 360 kg/cm² ausgehalten.) Die Längsspannungen treten deutlich in die Erscheinung.

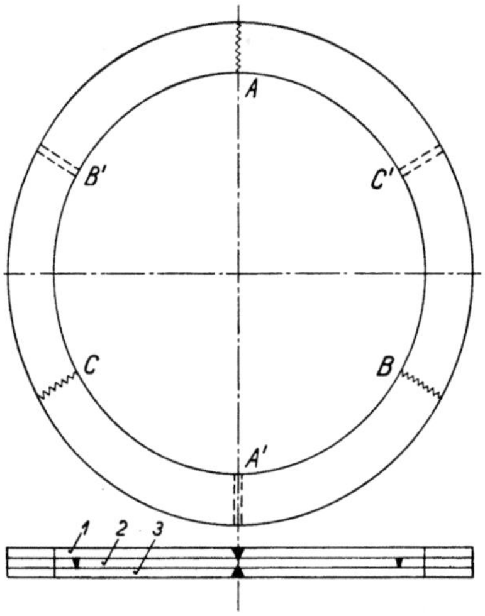

Abb. 94. Behelfsmäßig aufzubringender Verstärkungsreif.

Neben der Theorie von Siebel über bereifte Rohre bestehen diejenige des Hauses Bouchayer et Viallet (Grenoble), Ersteller bereifter Rohre nach Ferrand, und die zeichnerisch gelöste von Dumas[1].

Während im Kessel- und Behälterbau allgemein mit einem Sicherheitsgrad $x \geqq 4$ gerechnet wird, begnügt man sich im Rohrleitungsbau mit 3,5 bis 4.

Die Bedeutung bereifter Röhren ist etwas zurückgegangen, seitdem es gelingt, Wanddicken bis 40 mm und darüber durch die elektrische Schweißung zu bewältigen.

Ergibt sich der Fall, die Zylinderwand eines Hohlkörpers verstärken zu müssen, so kann dies ebenfalls durch das Anbringen von Reifen geschehen. Man wird diese aber nur selten aufschrumpfen können. Man kann sich damit behelfen, mehrteilige Blechringe (dreiteilig in Abb. 94) aufzulegen und mit versetzten Nähten zusammenzuschweißen. Durch die Schrumpfung der Nähte wird auch der Ring als solcher schrumpfen.

24. Die Sicherung der Nähte durch Rippen. Die Versteifung von Platten durch Stehbolzen.

1. Allgemeine Erwägungen.

Grundsätzlich unterscheiden sich Laschen und Rippen im Trägheits- bzw. Widerstandsmoment der Querschnitte und in der Gestaltung der Kraftfelder. Bei Wänden oder Konstruktionsteilen, die versteift werden müssen, werden Rippen verwendet, dagegen wird man zur Sicherung der Nähte von Platten, z. B. der Längsnähte von Trommeln, im allgemeinen Laschen bevorzugen. Der Konstrukteur wird sich gefühlsmäßig für das eine oder andere entschließen, unter Wahrung der hiernach gegebenen Gesichtspunkte. a) Die Anwendung von Rippen muß mit der Festigkeitslehre im Einklang stehen, welche besagt, daß das Widerstandsmoment einer Verbindung infolge der Verrippung zunehmen

[1] Prof. Université de Lausanne. Die Arbeit ist nicht veröffentlicht.

muß, nicht abnehmen darf. Zu diesem Zweck müssen die Abmessungen richtig gewählt werden[1]. b) Der Übergang der Kraftlinien von Wand an Rippe soll sanft sein, was eine entsprechende Formgebung voraussetzt.

Um die Bedingung b) zu erfüllen, ist das bekannte Mittel, die Rippen an den Enden zuzuschärfen, anwendbar. In einem Kraftfeld sind die Kraftlinien den Hauptrichtungen parallel gerichtet, eine Zylinderschale weist z. B. (zweiachsig) Kraftlinien in Richtung der Ringtangente und der Achse auf. Ist ein Teil eines solchen Feldes durch Rippen zu verstärken, so hat als Richtlinie zu gelten, die Rippen in Richtung der zahlenmäßig größten Hauptspannungen zu stellen bzw. die Lage der Ebenen größter Biegungsmomente zu berücksichtigen. Dagegen ist bei Laschen die Richtung ihrer Längsachse von geringerer Bedeutung.

Es entspricht einer praktischen Erwägung, die Rippen nicht an Stellen eines Körpers anzubringen, wo sie durch äußere Einflüsse — Schläge und Stöße — gefährdet werden können.

2. Rippenverbindungen.

Einige wichtige Rippenverbindungen sind in Abb. 95 dargestellt, Beispiele verschiedener Art wurden schon in früherem Zusammenhang gegeben (Abb. 73, 75, 78 usw.). Die Vorlagen *1* bis *3*, Abb. 95, zeigen

---

[1] Um wirksam zu sein, ist eine Rippe an eine gewisse Höhe gebunden. Auf einen Balken vom Querschnitt $b_1 \times h_1$, wobei $b_1 > h_1$ sei eine Rippe von der Breite b_2 und der Gesamthöhe h_2 symmetrisch aufgesetzt, *11* von Abb. 95, dann ist das Trägheits- bzw. Widerstandsmoment bezüglich der langen Schwerpunktsachse ausgedrückt durch

$$J = (b_1 - b_2)\frac{h_1^3}{12} + b_2\frac{h_2^3}{12}, \tag{1}$$

$$W = (b_1 - b_2)\frac{h_1^3}{6h_2} + \frac{b_2}{6}h_2^2. \tag{2}$$

Aus der ersten Ableitung $\frac{dW}{dh_2} = 0$ folgt

$$h_2 = h_1\sqrt[3]{\frac{b_1 - b_2}{2b_2}}. \tag{3}$$

Aus der zweiten Ableitung zeigt sich, daß dieser Wert von h_2 ein Minimum ist. Der Rechteckbalken $b_1 h_1$ ohne Rippe hat ein höheres Widerstandsmoment als derjenige mit (symmetrischer) Rippe, wenn die Höhe der Rippe h_2 der Gl. (3) entspricht. Von da an wächst das Widerstandsmoment mit zunehmendem h_2, erreicht zuerst den Wert desjenigen des Balkens $b_1 h_1$ ohne Rippe, erst von da an beginnt die Rippe als Verstärkung wirksam zu werden. Als Regel gilt, daß h_2 größer sein muß als das gemäß Gl. (3) berechnete $h_{2\,\min}$. Die rechnerische Behandlung einseitiger Rippen, *12* von Abb. 95, ergibt größere Schwierigkeiten. Die Festigkeitsverminderung durch unzweckmäßige Gestaltung ist noch ausgesprochener als bei den symmetrischen Rippen. Näheres in Z. VDI 1933 S. 281, Thum u. Berg: Über die Festigkeit von Rippen.

Rippen in drei verschiedenen Formen zum Zweck der Versteifung orthogonal gestellter Wände. *1* erinnert an ein genietetes Knotenblech, bei *2* ist die Rippe diagonal beschnitten, bei *3* an den Enden zugeschärft. Im Hinblick auf allmählichen Kraftlinienübergang erscheint *3* als die zweckmäßigste Form. Durch Vorlage *4*, einer Wiederholung von Abb. 78/*12*, ist die richtige Form einer Stütze für einen Flansch

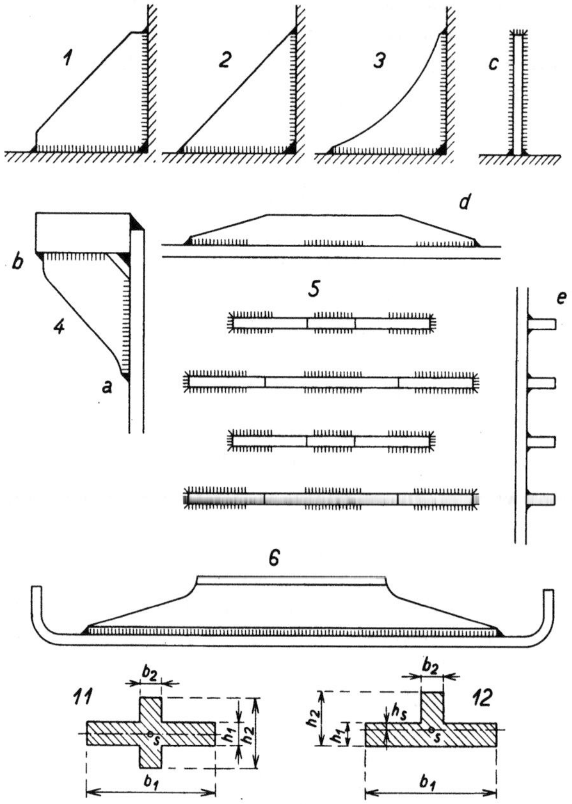

Abb. 95. Verschiedene Rippenverbindungen.

gezeigt. Vorlage *5* bringt die Versteifung einer größeren Platte durch eine Gruppe parallel gestellter Rippen. Es erscheint nicht nötig, die Flankennähte auf der ganzen Länge auszuführen, zur Verminderung der Längsspannungen kann die Schweißung streckenweise weggelassen werden. Die Rippen selbst sind in verschiedener Länge angeordnet, damit die Enden nicht auf den nämlichen Grenzlinien liegen, zur Vermeidung durchgehender Biegungsachsen.

Vorlage *6* enthält den Vorschlag der Verstärkung eines ebenen Dampfkesselbodens, z. B. eines solchen eines Lokomotiv-, Lokomobil- oder Schiffskessels. Der beiderseits zugeschärfte T-Balken entspricht der Forderung allmählichen Kraftlinienübergangs, er gewährleistet gleichzeitig dem Boden die dringend benötigte Federung in Krempennähe, welche bei genieteten, scharf abgesetzten Balken fehlt.

Die Möglichkeit, Rippen aufzuschweißen, eröffnete dem Kesselbau neue nützliche Wege. So kann man z. B. beim Schiffskessel die Umkehrkammer durch Rippen versteifen in der in Abb. 96 angegebenen Art[1].

Damit fallen die stets zu Brüchen neigenden Stehbolzen zwischen dem zylindrisch gewölbten Teil der Umkehrkammer und der ebenfalls zylindrischen Kesselschale weg, Umkehrkammer und Schale können sich frei dehnen in radialer Richtung, während die Stehbolzen die freie Dehnung hindern. Der Wegfall der Stehbolzen führt also zu einem statisch bestimmten und klaren Zustand. Auch die Umkehrkammerdecke kann man durch aufgeschweißte Rippen verstärken (Abb. 96), wie dies übrigens bei kleinen Lokomotivkesseln bereits gebräuchlich ist.

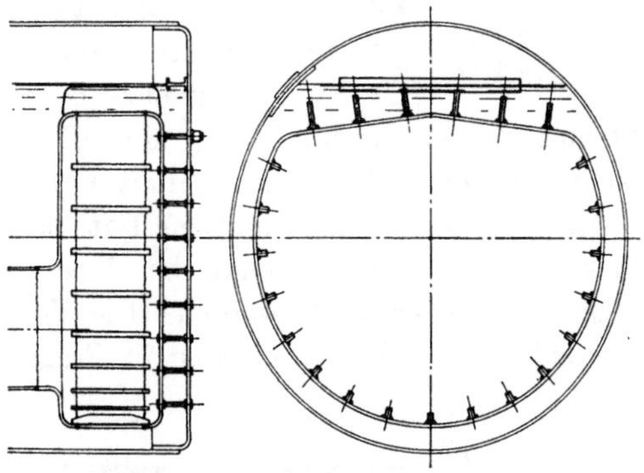

Abb. 96. Umkehrkammer eines Schiffskessels mittels Rippen versteift.

In beiden Fällen wird Wärme durch die Schweißnähte übertragen. Dies veranlaßt keine Bedenken im Hinblick auf die Erfahrung mit „Flossenröhren“ und auf die Kessel, bei denen absichtlich die Heizfläche durch Anbringen von Rippen erhöht wird[2]. (Nach E. Schmidt ergibt sich bei Dampfmaschinen eine in die Zylinderwand eindringende Wärmemenge von 1,8 bis $2{,}4 \cdot 10^6$ kcal/m²h.[3])

Indem wir beim Schiffskessel verweilen, sei auf die Möglichkeit geschweißter Stehbolzen aufmerksam gemacht, denn parallele Wände werden in der Regel durch Stehbolzen in der gegenseitigen Lage festgehalten. Bisher wurden die Köpfe angestaucht, was die Verwendung von Weicheisen voraussetzt. Mit der Möglichkeit, zu schweißen, wird für die Bolzen harter, aber hochwertiger Werkstoff (Legierungen) verwendbar. Man könnte die Stehbolzen ohne Gewinde festschweißen, sicherer ist es, das Gewinde beizubehalten, wie in Abb. 97/*1* und *2* angedeutet. Zur Verminderung der Bruchgefahr durch Biegung können die Gewindeverbindungen nach dem Wasserraum zu locker gehalten werden. Bei *2*, Abb. 97, ist der Stehbolzen unter Anwendung einer

[1] Bei Kesseln auf Schiffen schweizerischer Gewässer mehrfach angewendet.
[2] Kessel der Wehrle-Werke, Immendingen. [3] Z. VDI 1935 S. 232.

aufgeschraubten Kappe verlängert und dadurch die Federungsmöglichkeit erhöht. Diese Stehbolzen sind einfacher als solche mit Kugelköpfen, sie eignen sich zur Verwendung in den obersten Reihen, wo gewöhnliche Stehbolzen infolge des Schiebens beider Wände häufig brechen. Es ist an die unbedingte Forderung zu erinnern, die Stehbolzen an den Enden anzubohren.

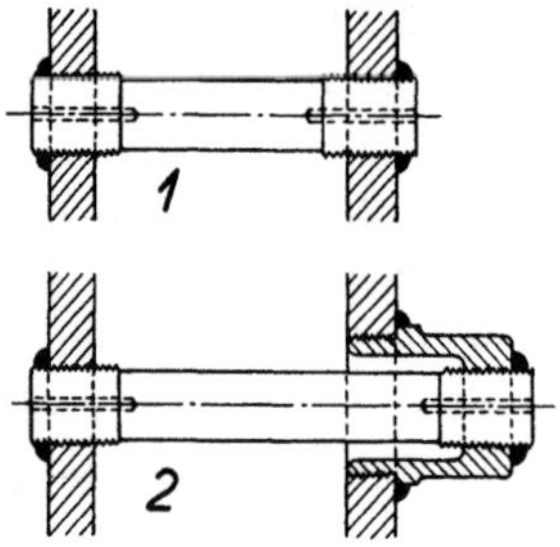

Abb. 97. Geschweißte Stehbolzen mit Gewinde.

Außer den geschraubten und gleichzeitig geschweißten Stehbolzen müssen noch die rein geschweißten erwähnt werden, mehr der Vollständigkeit halber als zur Empfehlung. In der Abb. 98 sind verschiedene Ausführungen, die alle nur zur Aufnahme geringer Kräfte taugen, zusammengestellt. Der gewindelose Bolzen *1* ist außen beidseitig durch Stirnnähte verschweißt, bei *2* sind die Schweißnähte versenkt, bei *3* ist ein Bolzen mit dickem Schaft unten durch eine Stirnnaht, oben durch eine Lochschweißung befestigt, bei *4* das nämliche, das Loch ist hier in den Bolzen versenkt, bei *5* ist der Bolzen mit Ansätzen versehen, die verschweißt werden. Die Verbindung, die infolge erhöhter Kerbwirkung wohl am meisten in Frage gestellt ist, ist *3*.

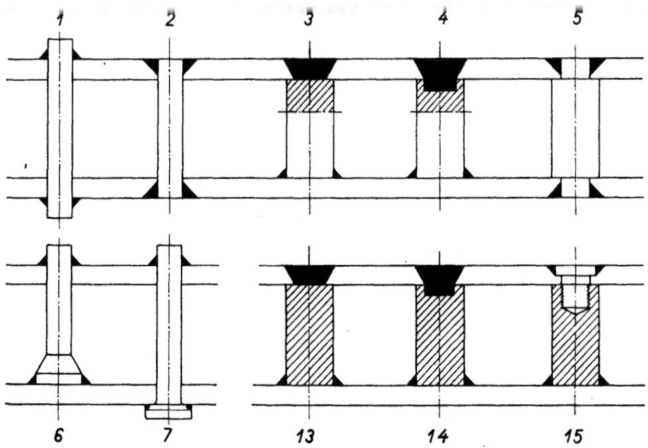

Abb. 98. Geschweißte gewindelose Stehbolzen und geschweißte Rippen.

Der nämliche Zweck, parallele Platten unter sich zu verbinden, z. B. bei Wärmetischen, läßt sich auch durch die Anwendung durchgehender Rippen erfüllen, Abb. 98/*13* bis *15*. Diese werden nur stellenweise an die Platten angeschweißt, ähnlich wie bei Abb. 95/*5*. — Die Festigkeit aller dieser Verbindungen sollte erst durch Versuche geprüft werden. Bei der Berechnung ist eine mindestens 10fache Sicherheit zu berücksichtigen bei *3*, etwas geringer bei den übrigen Verbindungen.

Beim gewöhnlichen Flammrohrkessel ist die Rückkehr zum gekrempten Flachboden denkbar, d. h. das Verlassen gewölbter Böden, die sich infolge häufiger Krempenanbrüche nicht sehr bewährt haben. Gewölbte Böden sind bis zu einem gewissen Maß starr, mit Flachböden kann erhöhte Federung erzielt werden. Bei der Ausführungsart *1* von Abb. 99 wird das Flammrohrende durch die flache Wand durchgeführt, dann außen und, soweit zugänglich, auch innen verschweißt. Zur Sicherung bei entsprechenden Druckverhältnissen kann ein Ring in der angegebenen Art außen aufgeschweißt werden. Die flachen Stellen des Bodens können durch eine oder zwei ausgespitzte Rippen versteift werden.

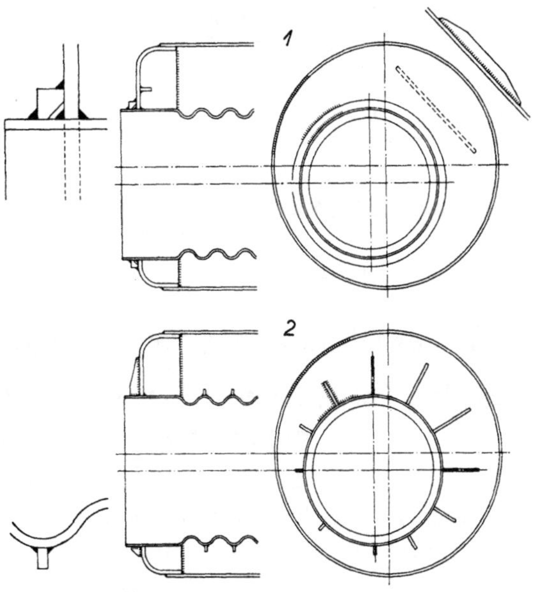

Abb. 99. Flammrohrkessel mit Flachböden mit weiter Krempe.

Bei der Ausführungsart *2* wird das Flammrohrende nicht nur durch die äußere Naht, sondern auch mittels Rippen mit dem Flachboden verbunden. Die Rippen dienen gleichzeitig zur Verstärkung der Flachstellen des Bodens, gegen höheren Druck können die Flammrohre durch die in *2*, Abb. 99, angegebenen Ringrippen, die streckenweise an die Wellen wasserseitig anzuschweißen sind, versteift werden, dabei bleibt die Wanddicke zugunsten eines guten Wärmedurchganges entsprechend gering. Die in Abb. 99 gezeigten Bauarten sind Vorschläge, Ausführungen sind nicht bekannt, namentlich müßte derjenige der Verwendung von Flachböden bei hohem Druck noch näher geprüft werden.

Abb. 100. Verteilstück einer Wasserturbinenleitung ($D = 2050/1400/1400/1400$, $s = 25$ mm, $p = 30$ kg/cm²).

Ein ausgedehntes Gebiet, Rippen anzuwenden, gewährt der Rohrbau bei Wasserturbinen, insbesondere müssen die Zweigstücke (sog. Hosenrohre) ausreichend gesichert werden. Es sei auf das Schrifttum verwiesen[1].

[1] Escher Wyss Mitt. Nr. 3 Sept. 1930 (Weltkraftkonferenz-Nummer). Zürich.

In dem in Abb. 100 dargestellten Verteilstück werden die Versteifungen durch kragenartige Rippen gebildet[1], die hohen Anforderungen gewachsen sind. Im Kreuzungspunkt zweier Röhren treten stets erhebliche radial gerichtete Kräfte auf. Die Stellung der Rippen ist gegeben durch die Spannungskomponenten, die aufzunehmen sind, Abb. 101.

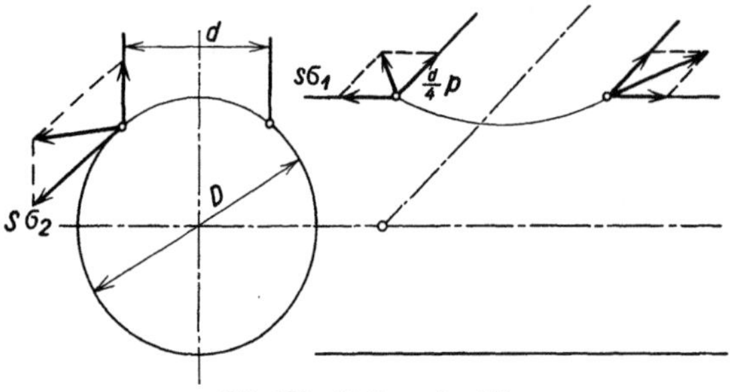

Abb. 101. Stellung der Rippen.

VI. Verschiedene Anwendungen der Schweißung.

25. Das Zusammenwirken von Niet- und Schweißnähten einfacher Blechverbindungen.

1. Symmetrische Verbindung.

Frühere Vorschriften verlangten die Sicherung geschweißter Nähte durch genietete Laschen. Von den vielen Verbindungen, die denkbar

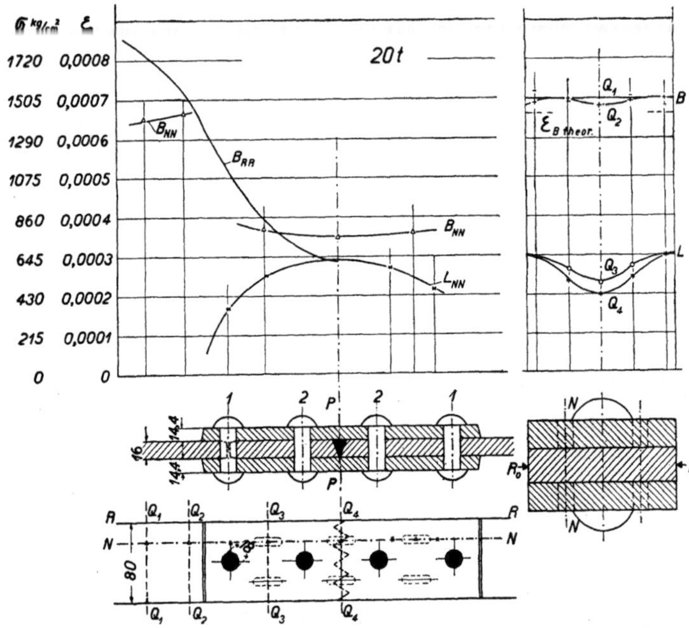

Abb. 102. Geschweißter Probestab, mit genieteten Laschen gesichert. Spannungsverlauf in Längs- und Querebenen.

---

[1] Rev. techn. Sulzer 1934 Nr. 3, Winterthur. Die kragenförmige Verbindung ist dem genannten Haus patentiert.

sind, ist diejenige gemäß Abb. 102 vom Verfasser geprüft worden. Der Spannungsverlauf in den Längsebenen *RR* und *NN* ist oben für 20 t Belastung im elastischen Bereich angegeben, *B* für das Blech, *L* für die eine der Laschen. Der Spannungszustand in den Querebenen Q_1 und Q_2 hinsichtlich des Blechs, Q_3 und Q_4 einer Lasche ist in die Abbildung ebenfalls eingezeichnet. Der Anteil der Laschen an der Kraftübertragung beträgt 61,5%, der Schweißnaht 38,5%. Diese Anteile sind nicht als fest anzusehen, sie sind von den Verhältnissen der Laschendicke, Nietung usw.[1] abhängig.

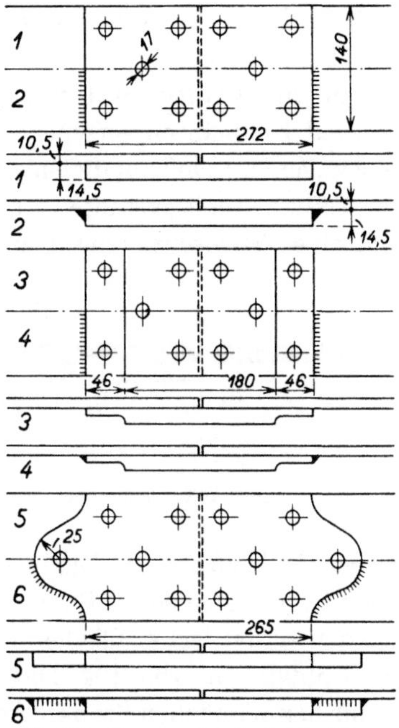

Abb. 103. Unsymmetrische Probestäbe zur Feststellung des Spannungszustandes entsprechender Nähte. Jeder zweite Probestab mit Kehlnähten.

2. Unsymmetrische Verbindungen.

Anlaß zur Untersuchung unsymmetrisch genieteter Verbindungen ergab sich durch Fragen der Festigkeit von Zellstoffkochern. Neben rein ge-

Abb. 104. Genieteter und am Laschenrand geschweißter, unsymmetrischer Probestab (2 *A'*). Darstellung der am Rand gemessenen Spannungen.

[1] Eingehende Behandlung in „Nieten und Schweißen der Dampfkessel". Berlin: Julius Springer.

nieteten Probestäben waren genietete und geschweißte zu untersuchen. Die Probestäbe sind in Abb. 103 zusammengestellt, die ungeraden Nummern entsprechen den rein genieteten, die geraden den genieteten und mit Kehlnähten versehenen Stäben. Von den umfangreichen Untersuchungen[1] sei bloß auf diejenigen der Stäbe gemäß Abb. 104 und 105 hingewiesen, der erstgenannte ist auf jeder Stabhälfte mit 5 Nieten (17 mm) und einer Stirnschweißnaht zusammengehalten. Die Lastspanne (Zug)

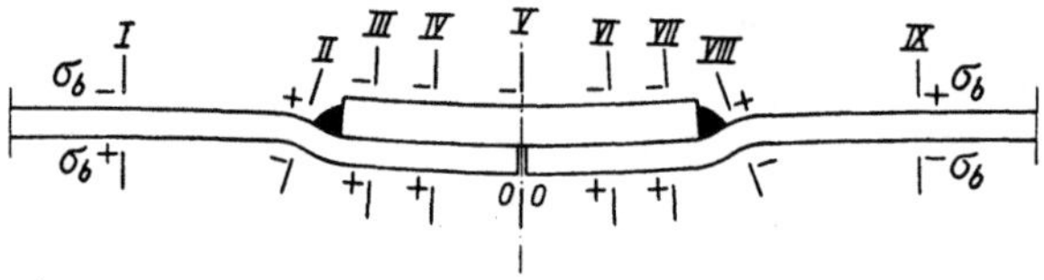

Abb. 105. Verformung des Stabes (*2 A'*, Abb. 104) im Fließbereich.

beträgt $^1/_4$ bis 6 t. Wie begnügen uns mit der Betrachtung der an dem einen Rand gemessenen Spannungen. Die Größe der Momente läßt sich aus den schraffierten Flächen feststellen, der Drehsinn aus der Neigung der Schlußlinien, Abb. 104. Die Art der Spannungen σ_b (+ Zug, — Druck) ist für den nämlichen Stab in Abb. 105 noch etwas verdeutlicht, die Verformung in etwas übertriebener Darstellung. Die Biegungslinie weist bei jeder Kehlnaht eine Inflexionsstelle auf. Man vergleiche hiezu die Ausführungen von Kap. 7/3, insbesondere von Abb. 35/*2* und *3*. Zur besseren Kenntnisnahme des Spannungszustandes unsymmetrischer Nähte (genietet, genietet mit geschweißten Stirnnähten, eben, abgesetzt oder gezackt) sei auf das Schrifttum verwiesen[1].

3. Biegungsverhältnisse an unsymmetrischen Stäben.

a) Biegung der einseitigen Laschen. Das statische Moment ist

$$M_1 = Ph \tag{1}$$

mit P als Stabbelastung und $h = \frac{1}{2}(s_S + s_L)$ als Hebelarm, s_S die Blech-, s_L die Laschendicke. M_1 gilt jedoch nur für den Fall einer starren Verbindung, da der Werkstoff und damit die Verbindung elastisch sind, findet sowohl beim Blech wie bei den Laschen eine gewisse Durchfederung statt, wie in Abb. 106 angedeutet. Der Hebelarm h vermindert sich um das Maß der Federung y, höchstens um f. Es ist

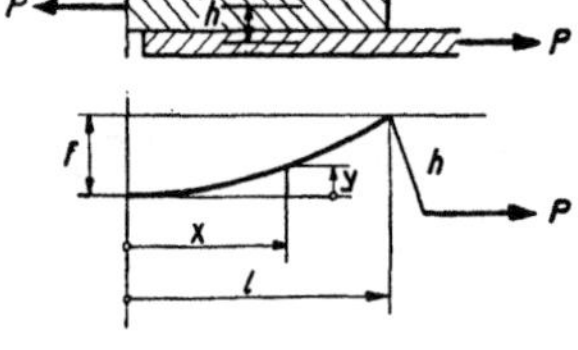

Abb. 106. Lasche auf exzentrischen Zug beansprucht.

$$M_2 = P(h - f). \tag{2}$$

[1] Über den Spannungszustand einseitig aufgebrachter Laschen im Bau von Zellstoffkochern. Berlin: Julius Springer.

Aus der Festigkeitslehre ist die Durchfederung eines Stabes von der Länge l bekannt[1]. Mit den Bezeichnungen von Abb. 106 ist

$$y = \frac{h}{\mathfrak{Cof}\sqrt{\frac{P}{EJ}}\cdot l}\left(\mathfrak{Cof}\sqrt{\frac{P}{EJ}}\cdot x - 1\right). \tag{3}$$

$\mathfrak{Cof}\,\alpha$ ist die Hyperbelfunktion cosinus hyperbolicus α

$$\mathfrak{Cof}\,\alpha = \frac{e^{+a} + e^{-a}}{2},$$

für $x = l =$ halbe Laschenlänge ergibt sich der Pfeil f im Scheitel

$$f = \frac{h}{\mathfrak{Cof}\sqrt{\frac{P}{EJ}}\cdot l}\left(\mathfrak{Cof}\sqrt{\frac{P}{EJ}}\cdot l - 1\right).$$

Angenähert ist (durch Reihenentwicklung)

$$\mathfrak{Cof}\,\alpha = 1 + \frac{a^2}{2!} + \frac{a^4}{4!} + \cdots,$$

$$f \approx \frac{h}{1 + \frac{P}{EJ}\frac{l^2}{2} + \cdots}\left[\left(1 + \frac{P}{EJ}\frac{l^2}{2} + \cdots\right) - 1\right],$$

$$f \approx \frac{Phl^2}{2EJ + Pl^2} \tag{4}$$

und daraus

$$M_2 = P(h - f) = 2\frac{PhEJ}{2EJ + Pl^2}. \tag{5}$$

Werden die durch Messung festgestellten Biegungsspannungen der Laschen, Abb. 103, mit σ_b, die mit M_1 gerechneten mit σ_b', mit M_2 gerechneten mit σ_b'' bezeichnet, so verhält sich, um ein typisches Beispiel zu nennen, $\sigma_b : \sigma_b' : \sigma_b'' = 1128 : 1443 : 1344$ kg/cm². Die gemessenen Spannungen sind durchweg geringer als die gerechneten, was zur Beruhigung beiträgt. Die mit M_2 berechneten Biegungsspannungen kommen den wirklichen näher als die mit M_1 gerechneten. Diese Verhältnisse haben nicht nur für den Spannungszustand der Stäbe, sondern auch denjenigen der Behälter Gültigkeit.

b) Biegung des Bleches der Stabhälften. Wie wir soeben gesehen haben, lassen sich die Spannungen der Laschen von unsymmetrischen Verbindungen gemäß Abb. 103 bis 105 zufriedenstellend berechnen. Der Biegung sind auch die Stabenden unterworfen, hier scheint die Rechnung jedoch zu versagen. Einen Überblick über die Biegungsverhältnisse bringt die Stockdarstellung Abb. 107. Es bedeuten *1, 3, 5* rein genietete Stäbe, *2, 4, 6* nämliche Stäbe mit Kehlschweißung am Laschenrand, genauen Aufschluß gibt Abb. 103. Weil die festgestellten Spannungen angeschrieben sind, ist die Zunahme der Biegungsspannungen

[1] Ableitung aus der Differentialgleichung $EJ\frac{d^2y}{dx^2} = -M$.

im Blech, hervorgebracht durch die Kehlnähte, in die Augen springend, man vergleiche die Gruppe *1, 3, 5* mit *2, 4, 6*. Diese Feststellungen haben wesentliche und allgemeine Bedeutung, sie reichen über das Gebiet der Kessel hinaus. Die Blechdicke ist von ausschlaggebender Wichtigkeit. Bei den genannten Versuchen (Probestäbe gemäß Abb. 103) überwog die Laschendicke erheblich die Blechdicke. Die Ergebnisse dieses Kapitels sind zu berücksichtigen beim „Dichtschweißen" leck gewordener genieteter Verbindungen.

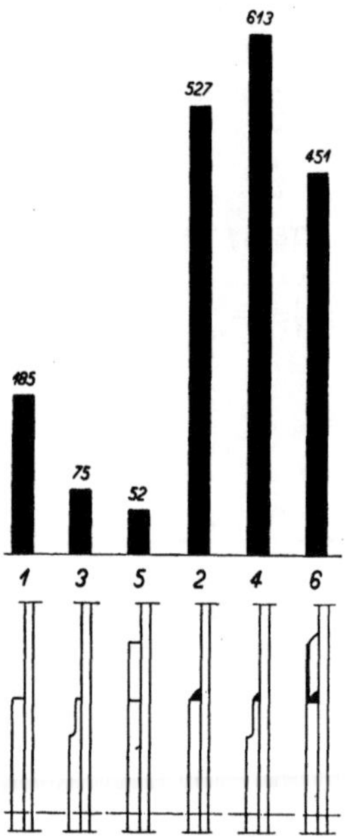

Abb. 107. Durch Messung festgestellte Biegungsspannungen im Blech unsymmetrischer Probestäbe in Laschennähe.

26. Ausbesserungen mittels der Schweißung.

1. Das Ausfüllen von Rostgruben.

Die Schweißung dient nicht weniger zur Ausbesserung als für die Erstellung der Kessel. Ein Unterschied scheint nur darin zu liegen, daß man bei der Ausbesserung mehr Wagemut an den Tag legt. Schrumpfwirkungen z. B. sollten nicht weniger Beachtung finden, die Erfahrungen im Ausfüllen der Rostgruben beweisen dies. Die in einem Falle hervorgerufenen Schrumpfwirkungen sind von Dr. Ebel untersucht worden[1]. Ein glattes Flammrohr eines betriebenen Kessels erhielt durch örtliche Schrumpfung eine erhebliche Längsverkürzung. Ein Versuch im kleinen (Rohr 435 mm Durchmesser) bestätigte diese Feststellung, Verkürzung bis 0,65% von 850 mm Rohrlänge. Der Verfasser hat in einem anderen Fall festgestellt, daß eine Kesselschale von 650 mm Durchmesser, deren innere zusammenhängende Korrosionen durch elektrisch aufgetragene Schweißraupen ausgefüllt, die betr. Stellen verstärkt wurden, um volle 12 bis 16 mm bzw. 2,5% des Durchmessers geschrumpft ist. Daher ist im Ausschweißen von zusammenhängenden Rostgruben Zurückhaltung am Platz. Geringere Gefahren wird das Ausschweißen von vereinzelten Rostgruben in sich schließen; der Grundwerkstoff so behandelter Werkstücke sollte weich und zäh sein.

2. Das Ausbessern von Kesseln.

Die Anwendung der elektrischen Schweißung zum genannten Zweck hat bereits größten Umfang angenommen. Die Mittel sind heute ge-

[1] Gesellschaft zur Überwachung von Dampfkesseln, München-Gladbach, Bericht 1932.

geben, Kesselteile, die schadhafte Nietnähte enthalten, mit dem Schneidbrenner herauszuschneiden und neue Teile mittels der Schweißung einzusetzen, ohne auf die Nietung Rücksicht nehmen zu müssen. Die geschweißten Nähte solcher Flickstücke sichert man durch Stücklaschen.

Beliebt ist das „Dichtschweißen“ undichter Nietnähte. Bevor man solche Arbeiten unternimmt, ist strenge darauf zu achten, daß die Nietnähte nicht etwa Steg- und Nietlochrisse enthalten, also innerlich gebrochen sind. In diesem Falle würden die neuen Schweißnähte die Festigkeit der Nietnaht nicht verbessern, Schäden schwerster Art könnten nicht vermieden werden. Das Umschweißen von Nietköpfen ganzer Nietnähte ist nicht ratsam wegen der damit verbundenen Anhäufung von Schrumpfspannungen.

Größte Vorsicht erheischt das Schweißen von Behältern, die vorher mit brennbaren Flüssigkeiten oder Gasen angefüllt waren. Schweißarbeiten im Innern sind wegen der Wirkung explosiver Gase zu unterlassen. Dagegen gelingt es, zusammengesteckte (teleskopische) Leuchtgasbehälter im vollen Betrieb von außen her an Nähten und Nieten dicht zu schweißen und dadurch Gasverlusten Einhalt zu tun.

In diesem Zusammenhang sei auf die Möglichkeit des Einschweißens von Zirkulationsröhren in die Flammröhren bestehender Land- und Schiffskessel hingewiesen.